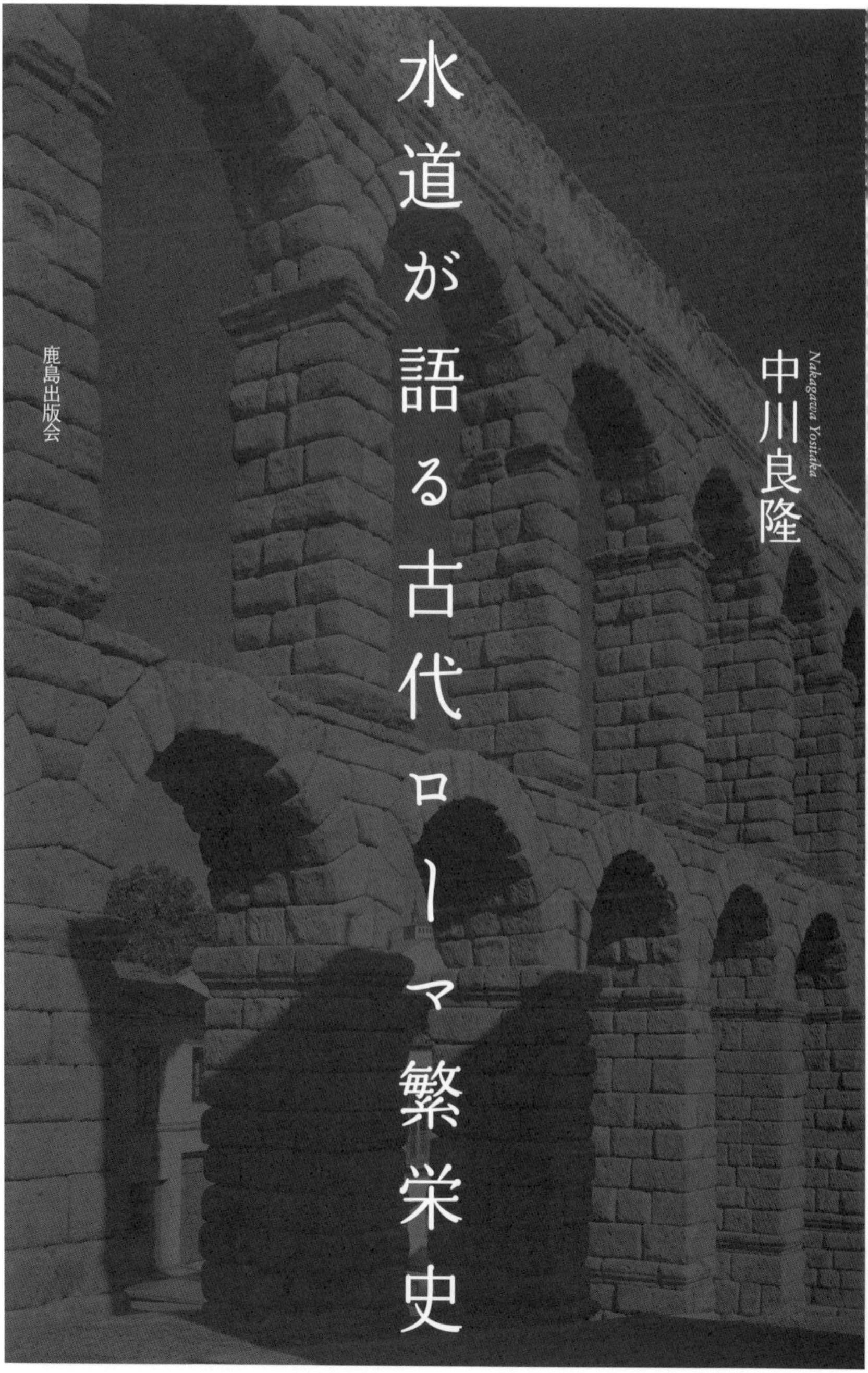

水道が語る古代ローマ繁栄史

中川良隆
Nakagawa Yositaka

鹿島出版会

水道が語る古代ローマ繁栄史　目次

水道が語る古代ローマ繁栄史

序章
古代のローマ水道の意義と評価

「永遠の都ローマ」、「すべての道はローマに通ず」といわれるローマ、そしてローマ街道は歴史的・世界的に有名である。その名に魅せられて、筆者はローマやローマ帝国の領土であった各地を何度も訪れた。ローマのカラカラ浴場、コロッセオ、パンテオン、アッピア街道、ポンペイの遺跡やフランスのポン・デュ・ガール、ドイツの殖民都市ケルン、軍団基地・クサンテンやイギリスのハドリアヌスの長城等である。そこで目にし、印象に残ったのは、城壁や道路よりも、庶民の生活に直接かかわる、水に関する構造物である。すなわち、ローマ市内各所に溢れ出る数多くの泉(噴水)、カラカラやディオクレティアヌスの壮大な浴場、そして延長一四キロメートルにも及ぶ長大なクラウディア水道橋等である。

水は、道路以上に、人間にとって、そして国家の発展のために必要不可欠なものである。だがローマ水道は、トレヴィの泉やカラカラ浴場に水を提供している程度にしか知られていない。しかし四七六年のローマ帝国滅亡以降、ヨーロッパの水道技術は衰退し、次にローマ水道の水準に追いついたのは、一七六五年のジェームズ・ワットの蒸気機関の改良をはじめとした産業革命以降なのである。またわが国がローマ水道の水準に追いついたのは、お雇い外国人による上下水道の近代化が実施された明治中期以降。そのくらい古代ローマ水道の技術水準は高かったといえるのである。

筆者は、瀬戸大橋や世界一の明石海峡大橋の建設に携わった土木技術者である。土木技術を英語に訳すと、シビル・エンジニアリング、すなわち市民のための技術である。そのシビル・エンジニアの立場で、なぜ千数百年も追い越すことができないほど古代ローマ水道（以下「ローマ水道」と略記）の技術水準が高かったのであろうか、という疑問の解明を目指したのが本書である。技術とは当然、思想に裏打ちされたものであるから、水道を必要とした考え方は、どのようなものであったのかも解き明かす。

まず、古代のローマ水道はどのように評価されているのだろうか。三大文明が示すように、人類は水辺に住み、発展してきた。人口が増え、水が不足すると、人々は安全な水を求めて移動を繰り返した。水の重要性が、ギリシャのポリスの限界、そして都市国家ローマが発展し、世界国家ローマになった根源の理由だと断言したのは、欧米人ではなく、わが国の著名な哲学者・和辻哲郎（一八八九年〜一九六〇年）である。ローマ水道の世界的意義を説いたのであるが、残念ながらあまり知られていないのが実情である。

彼は著書「風土」の中に、「アテネでもヒメトスやペンテリコンの水を引いている。……しかしギリシャ人は水の制限を覆すほど大きい水道を造ろうとはしなかった。むしろ逆に、ポリスの大きさを限定されたものとして考えているのである。アリストテレスはポリスの人倫的組織としての任務から見てその限界を定めている。市民が相互にその特性を知り合い得る程度の人口がちょうど良いのである。しからばポリスは本質上大都市となるべきものでない。したがって水の制限を破る必要もないのである。このようなポリスの考え方は必然的にポリスの並立を是認することになる。しかるにローマ人はローマを一つの国家に仕上げるとともに直ちに水の制限を打破し始めた。これはローマ人がギリシャ人から学び取ったのではない、固有の天才を働かせたものと見られねばならぬ。……この様にローマ水道は、ポリスの制限の否定、したがってポリスの並存の否認、言いかえれば絶対的統一の要求を象徴する」と記述している。

国の発展のためには、人口の集積が不可欠となる。そうすると、給水の限界が発生する。しかし、国の発展のために水の制約条件を打ち破ったのがローマ水道である、というのが和辻の見解。彼は古代のローマ水道を最大級に評価している。古代ローマ以前にこのような考えを持った国はなかったからである。ちなみに都市国家アテネの最盛期、ペリクレスが実権を握っていた時代（紀元前四六二年～紀元前四二九年）に、アテネの人口は約二〇万人といわれている。

次に、古代ローマはなぜ水道を造ったのか、その排水はどうしたのか、水道や下水の建設技術はどのようなものであったのだろうか、という疑問がある。

ローマ市には、水量豊かなテヴェレ川があるにもかかわらず、古代ローマ人は紀元前三一二年に最初のローマ水道、アッピア水道を建設した。この水道は、水源の湧水を一五メートルも掘下げて取水し、ローマ市内まで全長一七キロメートルの殆どをトンネルで運んだ。安全な水の確保に大変な手間をかけたのだ。この頃の首都ローマの人口は、わずか五万人である。テヴェレ川の存在を考えれば、ローマ市は水に欠乏していたわけではない。さらに最盛期の五賢帝時代、マルクス・アウレリウス(在位一六一年~一八〇年)治世には、人口一〇〇万人の大都市となった。このための膨大な水需要を賄ったのがローマ水道である。しかし、テヴェレ川は水量だけでいえば、一〇〇万人の需要を満たすことは十分に可能である。よって、アッピア水道を引いた理由は、テヴェレ川の水が不足したためでも、将来一〇〇万人都市になることを見越したわけでもない。ちなみにローマには、アッピア水道よりも三〇〇年も前の紀元前七世紀に下水道が造られ、排水はテヴェレ川に流された。したがって上水と下水との分離が原因との考え方もあるが、実際には何が原因なのであろうか。このように、ローマの水道建設には疑問がある。以下にそのいくつかを挙げる。

紀元前一四〇年には、全長九一キロメートルの、三本目となるマルキア水道を完成させた。九一キロメートルは、東京駅から小田原駅と熱海駅の中間に匹敵する距離である。二一〇〇年前ということを考えれば大変な距離である。ローマ水道は二二六年に完成した最後の水道・アントニアーナ水道まで、合計一一本造られた。その幹線の総延長は五〇四キロメートル。そのうちトンネル四三一キロメートル、橋梁が五九キロメートルである。それを、日本の歴史でいえば弥生時代(色々な説があるが、紀元前五世紀~三世紀が主流)に造ったのだ。邪馬台国の卑弥呼が活躍したのが三世紀の中葉といわれているので、アントニアーナ水道のほうが古いのである。邪馬台国は、その所在場所がいまだ議論になっているほど、明確な記録が残っていない。しかし、邪馬台国よりも古い時代に造られた古代ローマ水道については記録が残り、存在意義等がかなり明らかになっている。

なぜこのような長距離の、そして一一本もの水道が必要であったのだろうか。それも江戸上水のように開削水路でなく、なぜトンネルや水道橋にしなければならなかったのだろうか。それぞれの水道は水源から、他の水道を混ぜることも、地下水や地上水が混ざることもなく、外気にさらすこともなく、地下あるいは、水路に蓋をした状態でローマ市の入口まで運ばれた。なぜこのように細やかな配慮をしたのだろうか。これが第一の疑問である。

首都ローマは、二世紀には人口一〇〇万人の都市となった。ローマ市は七つの丘の都市といわれ、起伏に富んだ地形であり、標高差は五〇メートル近くもある。このような条件のもと、市内の各所に給水を行ったのである。それも安全な水を使用するという配慮から、蛇口から流しっぱなしを原則とした。しかも、動力ポンプのない時代に、どのようにシステマチックな給水をしたのだろうか。これが第二の疑問である。

豊かな水量の水道が手近にあれば、人々はそれを使って色々な作業が可能になる。例えば、風呂に噴水、水飲み場、水洗トイレ、水車による脱穀・製粉等である。多くの古代ローマ人の毎日の仕事は、夜明けとともに始まり、昼頃には終わった。そして、午後に開場する総合レジャーセンターともいえる公共浴場に繰り出したのである。彼らは日本人同様に風呂が大好きであった。最大規模のディオクレティアヌス浴場は、一時に三二〇〇人も利用できた。なぜこのような大浴場を造ったのだろうか、そしてどのように水利用をしたのだろうか。これが第三の疑問である。

古代ローマは、領土の各地に軍団基地・殖民都市を造った。そこでは首都ローマと同等の快適な生活が保証されていた。そのため神殿、闘技場、劇場、浴場、公衆トイレ、水道、下水、道路と、「ミニローマ」が各地に造られた。神殿にはローマの神々だけでなく、征服された部族の神々も祀られた。各種の施設は、征服民であるローマ市民のみならず、非征服民も容易に利用することができたのだ。このため、人々は快適さを求めて都市に集中した。為政者は快適性を保証するためにインフラ整備、特にその中でも水の確保を最重要視したのである。そのためには、殖民都市カルタゴのように、一三〇キロメートル余もの水道を造ることを厭わなかった。なぜこのようなインフラ整備に力を注いだのだろうか。莫大なお金がかかるのに。これが第四の疑問である。

首都ローマは過密都市である。城壁に囲まれた範囲は約一四〇〇ヘクタール。そこに一〇〇万人を超える人々が暮らし、毎日ローマ水道で送水された約一〇〇万立方メートルの水を使っていた。これらの使用水の処理、さらにトイレの排せつ物の処理はどのようにしたのだろうか。これが第五の疑問である。

さらにローマ水道や浴場、そして下水道等の大規模な施設をどのようにして造ったのだろうか。すなわち水道施設の建設技術、これが第六の疑問である。

ローマ水道とその利用については、前記したように数多くの疑問がある。以下の章でその疑問を解明しよう。本来なら、上流側から古代ローマの水道幹線を説明するところであるが、最初の水道、アッピア水道より三〇〇年以上も前に古代ローマの下水道、クロアカ・マクシマが建設された。したがって歴史の順序から、最初に首都ローマの下水道について紹介する。そしてローマ水道の水道幹線、市内給水及びその利用を、同じ一〇〇万人都市であった江戸と比較しながら説明する。江戸は当時、世界最大の都市であった。古代ローマ最盛期の二世紀から江戸最盛期の一八世紀まで約一六〇〇年の間、世界中でも一〇〇万人都市は、七～九世紀頃の長安、八～九世紀頃のバグダッド等、数例しかないのである。したがって、古代ローマと江戸の水道等を比較することは意味深いことである。

最後に、水道を通して見たローマの繁栄の理由の解明を、孟子の「天の時は地の利に如かず。地の利は人の和に如かず」、すなわち「天地人」という言葉になぞらえて、時代背景、地理的条件や古代ローマ人の思考の観点から検討を試みた。

それでは「水道が語る古代ローマ繁栄史」、時空を超えた古代ローマの水に関わる疑問、その謎解きの旅にご案内しよう。

第一章

古代ローマは、どのように下水の処理をしていたのか

古代ローマの下水道とトイレの話

古代ローマの上下水道の成り立ちや考え方を理解するには、ローマ建国の歴史を知らなければならない。それはどのようなものであったのだろうか。最初の水道・アッピア水道より三〇〇年以上も前に、ローマに下水道が造られた。それは何のために造ったのであろうか。さらに水洗トイレも使用されていた。下水道やトイレを江戸時代の江戸と比較すると、それぞれに、どのような特徴があるのだろうか。

首都ローマの城壁に囲まれた面積は一三八四ヘクタール。そこには一〇〇万人を超える人々が暮らしていた。彼らはローマ水道で送水された、一日当り約一〇〇万立方メートルの水を使っていた。これらの使用水の処理、さらにトイレの排せつ物の処理はどうしたのだろうかというのが、序章に記した五番目の疑問である。この章では下水道とトイレについての疑問を解明する。

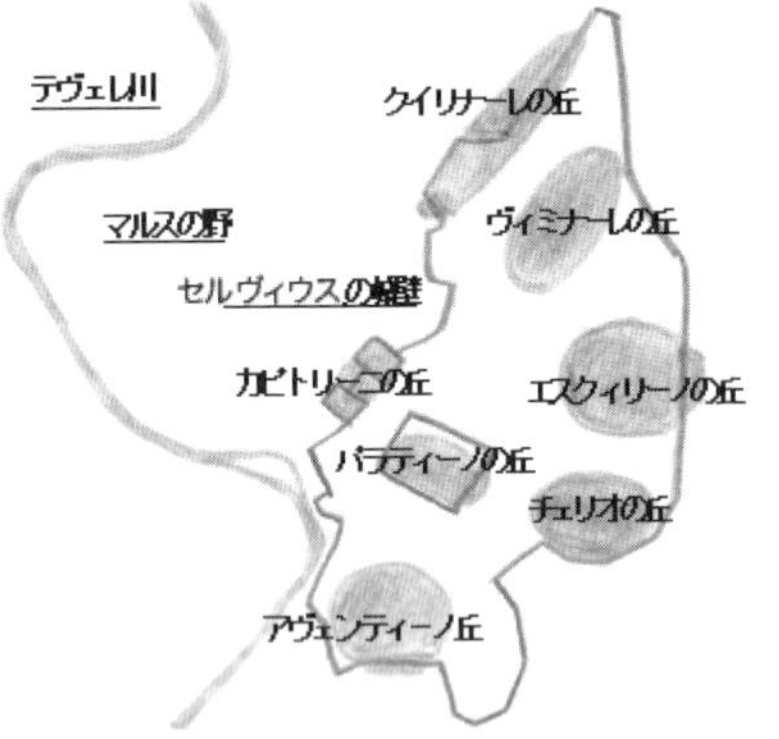

図1　ローマの7つの丘とセルヴィウスの城壁

ローマ建国

王政ローマ（紀元前七五三年～紀元前五〇九年）五代目の王タルクィニウス・プリスコ（在位紀元前六一六年～紀元前五七九年）はエトルリア出身である。彼は、七つの丘【図1参照】に住んでいる不便さや人口の増加から、パラティーノの丘北側の未開発な低湿地の利用を考えた。大排水路（クロアカ・マクシマ）を造り、排水をすることにより、人が住み建築物を建てられるようにした。いわゆる干拓事業である。ここが古代ローマの中心地、そして現在、数多くの観光客が訪れるフォロ・ロマーノとなる。さらに、パラティーノの丘とアヴェンティーノの丘の間の低湿地帯にも排水溝を設け、戦車競技で有名なチルコ・マッシモ（大競技場）を造った。エトルリア人はローマ人に技術を授けたといわれており、このことは考古学的に証明されている。しかし、紀元前八世紀以前ローマ建国の頃の歴史は、十分には証明されておらず、伝説上のことが多い。

古代ローマは、どのように上下水の処理をしていたのだろうか。

エトルリア人とは、現在のイタリアのトスカーナ・ウンブリア・ラツィオ北部地方に住んだ人々である。この地方は鉱業原料に恵まれたため金属産業が盛んで、高い工業技術・建設技術を持っていた。彼らはフィレンツェ・シエナ・ペルージャ等の丘陵地帯に都市を造った。一方、同時代に勢力を伸ばしたギリシャ人は、海洋民族として、ナポリ・シラクサ・メッシーナ・ターラント等の海に向かって開けた場所に都市を築いた。

写真1　ロムルス・レムルスと母狼

伝説では、都市国家ローマは紀元前七五三年にロムルスにより建国されたといわれている。ロムルスは、双子の弟レムルスと、赤ん坊のときに籠に入れられテヴェレ川に捨てられた。赤子の空腹の泣き声に気づいた母狼が乳を与え、そのおかげで生き延びたという伝説がある【写真1参照】。その後二人の兄弟は、羊飼いの一族に育てられ成長し、この地に勢力を持つようになった。ロムルスはパラティーノの丘を、レムルスはアヴェンティーノの丘を分割して治めることとなる。しかし、兄弟喧嘩からロムルスはレムルスを殺し、一人で治めるようになった。ロムルスはこの時一八歳といわれている。「ローマ」という地名は、建設者ロムルスの名から付けられた。紀元前九世紀頃のギリシャの詩人、ホメロスの作といわれる叙情詩「イーリアス」に語られる、木馬の策により落城したトロイ（紀元前一三世紀頃）、その王の婿、アエネアスが落人としてトロイを落ち延び、遍歴して漂着したのがローマ近くの海岸との伝説がある。ロムルスはアエネアス、すなわちトロイの末裔といわれている。どこの国でも創成者は、神や伝説上の英雄の子孫とすることが多い。

ロムルスの業績は三つある。

一つ目は、花嫁の強奪と敗者同化政策。ロムルスは周辺に勢力を拡大する中で、近隣のサビーニ族を祭りに招待した。そのときサビーニの娘達を強奪し、ローマ人の妻としたとの故事である。ロムルスの集団は独り身の男が多かったようで、ローマ人の若き男達は強奪したサビーニ族の娘達と結婚した。娘を強奪されたサビーニ族は返還を要求するが、ロムルスは拒否。その結果四回の戦闘が行われ、ロムルス軍が優勢に戦いを進めた。強奪された娘達は丁寧に扱われていたようであり、ローマ人の夫とサビーニ族の親兄弟の殺し合いを見ていることができないと、戦いに割って入った。この花嫁の強奪が、ルーベンスの「サビーニ女の掠奪」、ピカソの「サビーニの略奪」等の画題となっている。その結果、サビーニ族との和平が成立し、両者は対等な立場で合同することになり、サビーニ族はローマの七つの丘の一つ、クイリナーレの丘に移住した。いわゆるローマの敗者同化政策の始まりである。これ以降、ローマは敗者であっても対等に同化する政策を取った。古代ローマの政策の面白さは、欲しいものは手に入れるという拡張主義と、敗者同化政策の併用である。この政策は、征服を求めるのではなく、支配を求め、領土拡大に寄与することになった。

敗者同化政策は、初代皇帝アウグストゥス時代の詩人・ウェルギリウスの、英雄アエネアス遍歴を描いた叙事詩「アエネーイス」（アエネアスの物語）の中にも語られている。アエネアスがアポロンの巫女シビラの導きにより冥界を訪れ、亡父アンキセスの霊にめぐり会う。その時、アンキセスが以下のように語ったと記述されている。「ローマ人よ、汝はもろもろの民を支配することを忘れてはならぬ。汝はそのすべを知るであろう。汝は平和に法を与え、降りし者を寛大に遇し、おごれる者を懲らしめたる者たることを記憶せよ」。ここでの「降りし者を寛大に遇し」とは、敗者同化政策にほかならない。これが支配の天才といわれるローマの政策である。この著作は、敗者同化が古代ローマ創成期から行われていた国是であると、アエネアスに語らせているのである。

共和政ローマの時代（紀元前五〇九年〜紀元前二七年）に、中国では秦の始皇帝（在位紀元前二二一年〜紀元前二一〇年）が国を統一した。始皇帝は万里の長城や、一万二千キロメートルに及ぶ道路、阿房宮等の大型建造物を造った。しかしこれらはインフラ整備というより、軍事用・皇帝用のものであり、庶民に役立つものではなかった。また建設に当たり、奴隷や領民の酷使が行われた。この圧政のため、秦は始皇帝没後すぐに国が乱れ、物語の三国志の時代となる。そして紀元前二〇二年には前漢に取って代わられてしまう。敗者同化政策と圧政とでは、どちらが良いか自明であろう。

国を守るために武力は必要であるが、古代ローマでは人々に叛意を起こさせない生活レベルを提供するために、水道をはじめとしたインフラ整備に注力したのである。ミリオンセラーとなった民謡調歌謡曲「武田節」の歌詞、「人は石垣、人は城、情けは味方、仇は敵」の発想と同じで、賢い政策といえる。この考え方が、征服した各地にミニローマを造る基となった。

二つ目は、国政の実施に、王と元老院と市民集会の三つの機関を設けたことである。元老院は、一〇〇人の長老により構成された王への助言機関である。市民集会は投票により王の選出を行う。この制度は、内容の変化はあったが、王政ローマの期間堅持されただけでなく、共和政ローマでは王に代わって元老院で選出された二名の執政官（コンソル）が中心となり、二つの機関が国政を動かした。帝政ローマ（紀元前二七年〜四七六年）の時代になっても元老院制度は保持された。市民集会は直接民主主義の象徴である。市民が数十万人となっては機能しなくなる。したがって、共和政から帝政への移行（三世紀までは存在は確認されている）で、無力化・消滅したことは当然であろう。一方、元老院制度は建国から滅亡の四七六年まで、存在意義の大小はあっても存続した。

三つ目は、戦闘方法の確立である。古代ローマは覇権国家であり、領土を広げ維持するために、いかに優勢な戦闘力を持つかということに腐心した。そのために一〇〇人の兵士で一隊を構成する、ケントゥリアという一〇〇人隊組織を創設した。この組織は帝政ローマまで存続し、無敵のローマ軍の中核をなした。ちなみに「ケントゥリア」は、一〇〇年を単位とする「センチュリー」の語源である。

ロムルスは、敗者同化政策、市民集会と元老院制度、一〇〇人隊組織と、約一二〇〇年続く古代ローマの根幹を形成する方式を作った偉大な創始者といえる。なお、六代目王セルヴィウス・トゥリウスは「セルヴィウスの城壁」といわれる、ローマを守る城壁を建設した。

王政ローマの王達は考古学的に確かめられているわけではない。しかし王政時代に、長く続く古代ローマの基礎が造られたことは間違いない。古代ローマ人が「すべての基礎造りをした素晴らしい王ロムルス」、と初代の王を賞賛する伝説を作ることは、ありうる話である。

下水道(クロアカ・マクシマ)

「クロアカ」とは、石やレンガで造られたアーチ状の天井(ヴォールト)を持つ排水用暗渠のことであり、清めの女神・クロアカが司るものと考えられていた。「クロアカ・マクシマ」とは、大きな、偉大なクロアカ、すなわち大排水路の意味である。

当初は古代ローマの中心地、フォロ・ロマーノのバジリカ・エミリアとバジリカ・ユリウスの間の、一〇〇メートル余の岩やレンガを用いた大きな開削水路であった。湿地に水路を造り、排水することにより地下水位を下げ、土地の乾燥化を図り、湿地の有効利用を目指した。この地域は、低いところは標高がテヴェレ川水面から平均六メートルで、テヴェレ川の氾濫の高さが平均九メートルとなることから、毎年のように浸水が繰り返された。

王タルクィニウス・プリスコは、フォロ・ロマーノに氾濫対策のため大量の土砂を用いて、まず標高を九メートル以上となるように盛土工事をした。この排水溝建設と盛土工事を同時に進めたのである。クロアカ・マクシマをレンガやコンクリートや石でアーチ状に蓋をして地中化することは、紀元前二世紀頃に行われた。その大きさは、内径三・二メートル、高さ四・二メートルである【写真2参照】。

クロアカは、**【図2】**に示すように数多くの支線を有し、公共浴場、公共トイレ、その他の公共施設、個人住宅等の排水、雨水をテヴェレ川に放流した。その放流口は、現在もパラティーノ橋の東側下流に見られる。この箇所ではテヴェレ川岸に道路が造られ、多くは擁壁となっている。しかしその放流口はアーチ状に保護され、今も現役である【写真3参照】。クロアカは暗渠のみならず、小型のものは土管や木管も用いられた。クロアカはもともと干拓事業の排水路であったが、それが公共・個人の下水の排水にも利用されるようになったのは、いつ頃からかはわからない。水の使用量、すなわち下水量が多くなったのは、アッピア水道敷設以降であろう。もし、この干拓用排水路が存在していなければ、発想が変わり、古代の首都ローマの下水道の様相も大分違った

写真2　クロアカ・マクシマ内部

写真3　クロアカ・マクシマのテヴェレ川への放流口

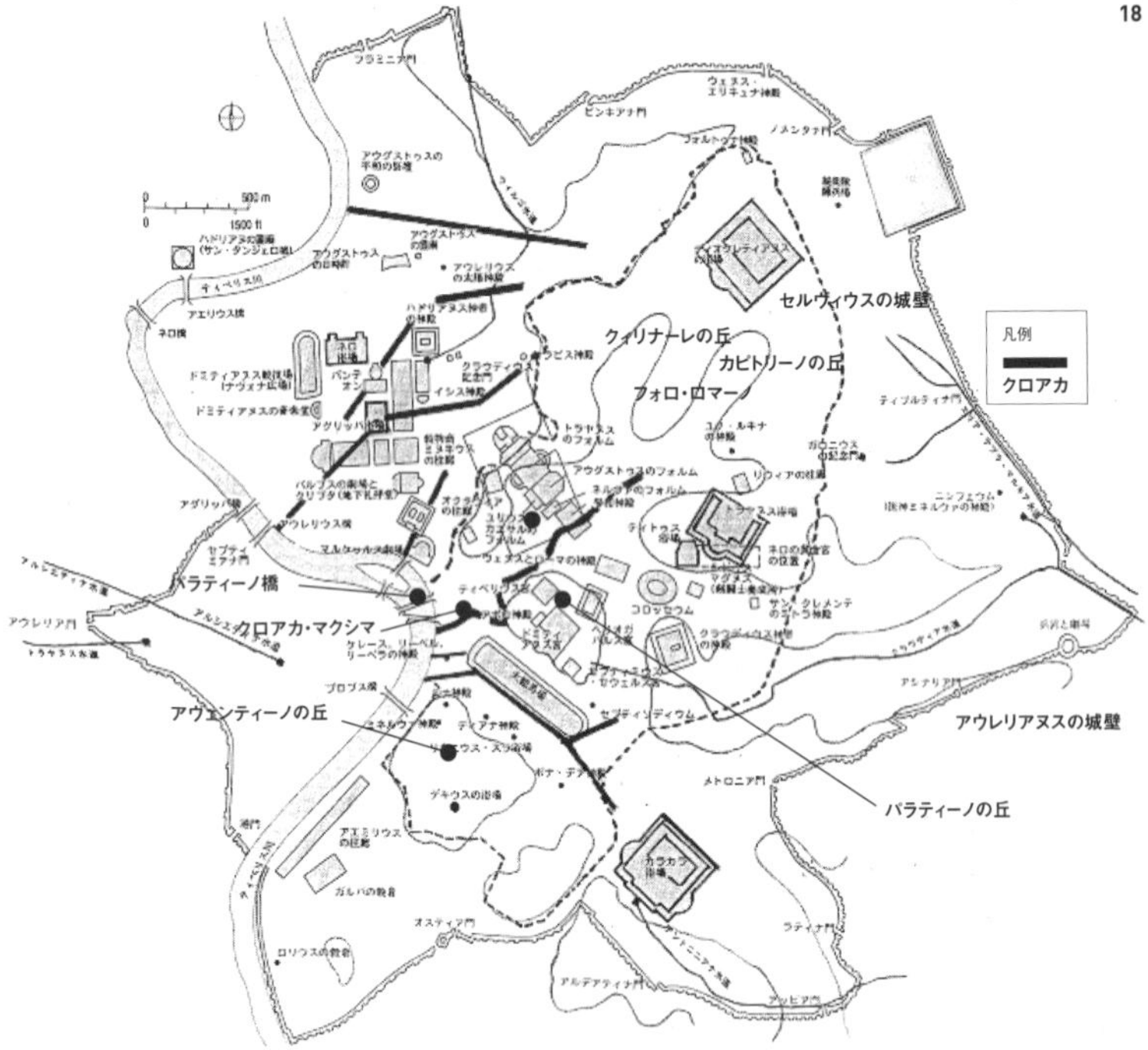

図2　帝政期のクロアカの位置図

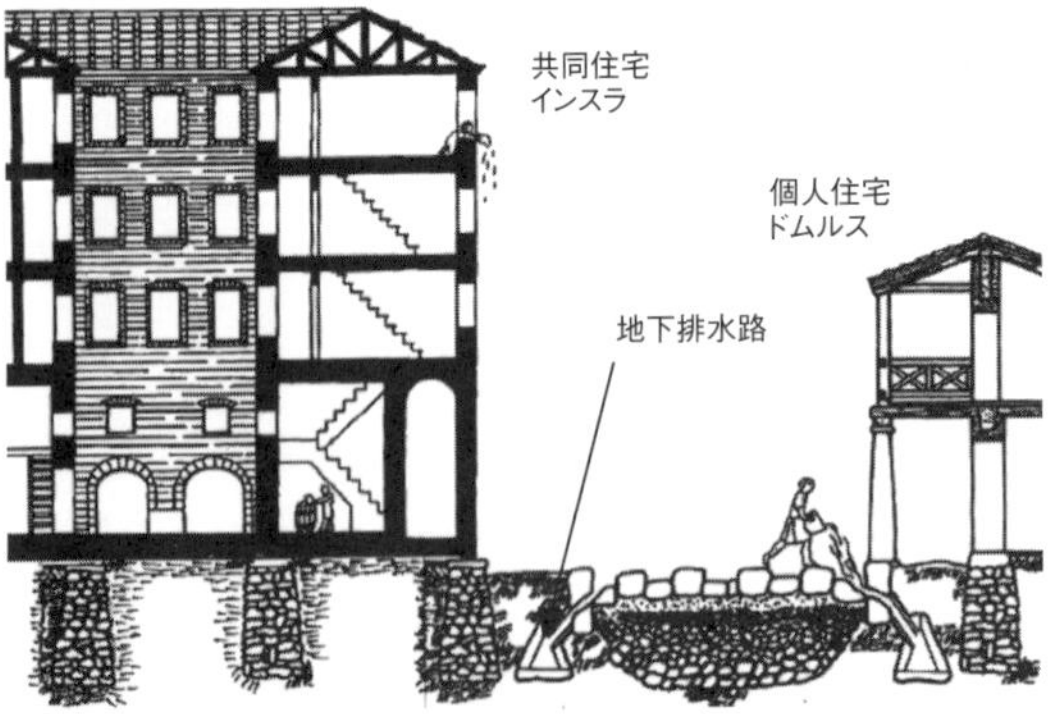

図3　住宅の生活排水

ものになっていたであろう。

個人住宅の排水は、道路に沿った地下排水路に投入され、クロアカに導かれた【図3参照】。この時代は、上下水ともに自然流下であるため二階以上に水道は届かず、飲み水等の生活用水は、壺等で運んだ。上層階の使用水や糞尿は、壺等で地下排水路に投入した。したがって高層住宅(インスラ)では一階部分は条件が良く、賃貸料は高い。一方、高層階になると水道も下水もないため、防火もままならず、賃貸料は安い。このため貧しい人は、現在と違って条件の悪い高層階に住んでいた。高層階の住宅では、法律で禁止されていても、使用水、糞尿、ゴミを窓から投棄することが後を絶たなかった。これは、ナポレオン三世(在位一八五二年〜一八七〇年)の大改造以前のパリの状態と同じである。彼はローマに憧れ、一八四三年に収監先のアム牢獄から、「私はアウグストゥスになりたいと思っています。なぜなら、アウグストゥスはローマを大理石の都にしたからです」との手紙を出した。ナポレオン三世は、当時のローマの廃棄物処理の状況までは理解していなかったようである。

ちなみに、ナポレオン三世と同時代の政治家・作家のヴィクトル・ユーゴーは、大長編小説「レ・ミゼラブル」を著している。その中で、主人公ジャン・バルジャンが官憲の追跡から逃れるため、瀕死のマリウスを抱えて、パリの下水道を延々五キロあまり逃走したことを書いている。読むと息が詰まるような、思わず手に汗を握る記述がある。パリに下水が造られたのは一三七四年で、ジャン・バルジャンが逃走した環状大下水道が完成したのは一七四〇年頃。パリの下水道建設開始の約二〇〇〇年も前に、クロアカ・マクシマは造られたのである。初めの目的は干拓のためとはいえ、驚くべき先見性といわざるを得ない。

写真4　4世紀前半・コンスタンティヌス帝（在位307年〜337年）時代のローマ中心部（ローマ文明博物館）

クロアカが造られた紀元前七世紀は、低地は湿地が多く未開の状態であったが、**【写真4】**に示すように、四世紀前半にはローマ市内は建造物に埋め尽くされている。この模型はローマ文明博物館の中にあり、二五〇分の一の縮尺である。ローマの城壁間の距離は最長で五キロメートル弱。したがって模型の大きさは二〇メートル×二〇メートルくらいである。それが一面、建物なのだ。まさに過密都市ローマを実感する。

古代ローマ時代の交通輸送は、現代に比べ非常に劣っていた。そのため人々は、住宅環境は悪くても、仕事があり効率の良い首都ローマに集まった。一部の金持ちのみ、郊外に別荘を持つことが可能であった。この首都ローマの住宅環境の悪さを嘆き、ホラティウス（紀元前六五年〜紀元前八年）は「風刺詩」2・6・60に、「ああ、田園よ。私たちはいつになったら、おまえを眺められるのか」と書いている。ともかく住宅事情は悪かった。

古代ローマ時代の風刺詩人デキムス・ユニウ

ス・ユウェナリス（六〇年～一三〇年）は、「健全なる精神は健全なる身体に宿る」や、娯楽に明け暮れていた民衆を皮肉った、「パンとサーカス」の言葉を詩集に著した。彼は首都ローマの過密状況を、一六篇からなる「風刺詩集」の中に、痛烈だが現実をいささか誇張して次のように表現している。

「ローマでは非常に多くの病人が不眠のために死んでいく。……だって、いったいどこの貸間で眠りが許されるだろうか？　都では大きな資力があって初めて眠れるのだ。そこに病気の始まりがある。通りの混雑した曲がり角での車の行き交い、動かなくなった牛馬を駆り立てる声は、ドルススやアザラシからさえ眠りを奪うだろう。……われわれはいくら急いだところで、前にいる人の波につかえてしまい、後から来る群集はこれまた大勢で腰を押してくるのだ」。これは緊張感が漂う裁判の場で居眠りをするドルスス（四代皇帝クラウディウス（在位四一年～五四年）のこと）や、昼間から浜辺でまどろむアザラシですら、ローマの街では騒音で眠ることができない、との意味である。

カエサルが制定したローマの法律では、日の出から午後四時頃まで、ローマ市内への一般車両の乗り入れが禁止されていた。したがって昼間は人々の喧騒、夜間は移動許可となった車両が石畳の上を移動する騒音で、眠りを取れないことを揶揄している。最盛期の帝政ローマの時代に、ユウェナリスが、彼よりも八〇年程以前の皇帝をこのように皮肉れるとは面白いことである。彼と同時代人の水道長官フロンティヌスは、第二章のアルシェティーナ水道の項に示すように、初代皇帝のアウグストゥスの施策を「ローマ市の水道書」（以下「水道書」と略す）の中で大っぴらに批判している。これが江戸時代であったらどうであろうか。数代前の将軍を書物で皮肉るのである。発行禁止となるのは間違いないだろう。帝政ローマは案外、言論の自由があったのかもしれない。

同じく「風刺詩集」からである。「夜の危険を考えても見たまえ。ひびの入った壺とか壊れた壺とかが窓から落ちてくるたびに、その壺で頭蓋骨を怪我させるに十分な最上階の高さを。どれほど凄まじい衝撃で道路の石に傷がつくかを。だから、もし遺言書を作らずに夕食に招かれていくなら、突発的な災厄に備えのないのんびり屋だと思われても仕方あるまい。その晩、君が通り過ぎる窓が寝もやらず開いている数だけ、死の運命があるわけなのだ。窓の中の人々が壺の中身だけを捨ててくれることで満足してほしいと願い、その哀れな願いを持ち歩くほかないのであろう」。ローマ市では高層住宅からのポイ捨ての禁止をしていたが、守られなかったことを揶揄している。

首都ローマの下水道は、紀元前七世紀より町の発展とともに延伸された。紀元前三三年、造営官（按察官とも呼ばれ、公共建築の管理、祭儀の管理を行う）のマルクス・アグリッパ（紀元前六三年～紀元前一二年）が、水道とともに、クロアカの全線を検査・修繕したことが明らかにされている。そしてそれ以降、何度か修復が行われていたことは、クロアカの構造、材料の変化からわかる。しかし、後記するフロンティヌスの「水道書」のような記録が残っていないので、詳細は不明である。ローマ人の衛生観念から大略良好な管理が行われたものと思われる。その証として、クロアカ・マクシマは、現在も約七〇〇メートルにわたり雨水渠として利用されている。なお、下水道の維持管理は行政が行い、清掃作業は罪人が担当していて、その費用は国の財産や住民の分担金で賄われた。

現代の都市下水との大きな違いは、古代ローマでは無処理でテヴェレ川に放流していたが、現代では終末処理場で下水を処理して放流しているということである。

ローマ属州の下水道施設

過密都市ローマには下水道が完備されていたが、一方で、「ミニローマ」とも称されていた古代ローマの属州の殖民都市や軍団基地の下水道はどのようであったのだろうか。属州とは、古代ローマが辺境に置いた直轄地のことである。

写真5　ケルンの下水道（高さ2.1m、幅1.2m）

帝政ローマは、ライン川を領国の防衛線として考えていた。そのライン川に面するドイツ連邦共和国ヴェストファーレン州の都市ケルンは、現在人口約一〇〇万人の大都市である。ここはマルクス・アグリッパにより造られた殖民都市で、最盛期は約四万五〇〇〇人の人口を有していた。「ケルン」の名は、ラテン語で「殖民地」を意味する「Colonia」に由来する。**【写真5】**に示すケルンの下水道は、一部を地上に復元したものと、地下の見学用のもので、高さ二・一メートル、幅一・二メートルある。地下水路を通って、下水はライン川に放流された。この下水道をケルン市は観光資源としている。入場料が二・五ユーロ。高さ一五七メートルの塔を有するゴシック建築最大規模のケルン大聖堂のすぐ裏手ということで、交通の便も良く、観光客で賑わっている。

ケルンより約一〇〇キロメートル下流のクサンテンは、第三十ウルピア軍団の駐屯基地の町として、トラヤヌス帝（在位九八年～一一七年）により建設され、最盛期は人口約一万人であった。

トラヤヌス帝の時代、古代ローマは最大の版図となり、その領土に数多

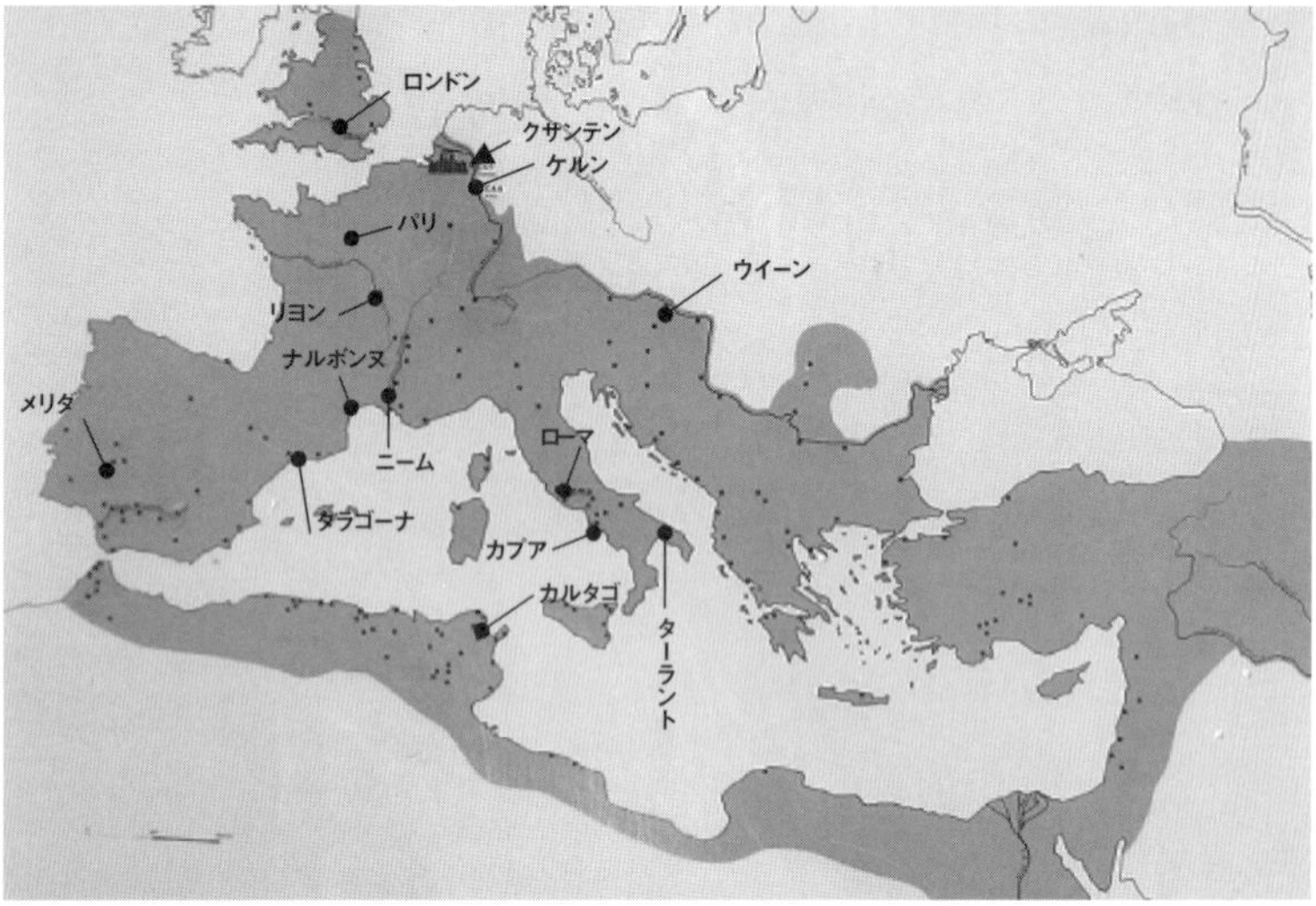

図4　トラヤヌス帝時代のローマの領土と殖民都市・軍団都市

写真6　クサンテンの町並み

くの殖民都市を築いた【図4参照】。彼はダキア（現在のルーマニア）遠征をはじめ、多くの外征を行い、領土を広げるとともに、トラヤヌス広場、トラヤヌス市場、トラヤヌス浴場、トライアーナ水道、オスティアの新港、殖民や軍団都市として北アフリカのティムガド、ライン川のナイメーヘンやクサンテン等の多くの建造物、都市を建設した。

三世紀の歴史家カシウス・ディオは、「トラヤヌス帝は庶民には温和に、元老院には威厳を持って対した。それゆえ、誰もが彼を愛し、恐れる者はいなかった。敵以外には」と記している。また、一四世紀前半に活躍したイタリアの詩人ダンテは、キリスト教公認（三一三年）以前の皇帝としてただ一人、彼だけに天国に居場所を与えたというほど、善政を行った皇帝である。

クサンテンは、【写真6】に示すようにライン川に面し、神殿、闘技場、公共浴場を備えた、まさに「ミニローマ」といえる町である。帝国各地の軍団基地、殖民都市も同様であった。クサンテンの下水道の寸法は、高さ約一メートル、幅約〇・六メートルであり、排水はライン川に流された【写真7参照】。ケルン、クサンテンの例が示すように、首都ローマから千数百キロメートル離れた都市にも下水道は完備されていたのだ。

写真7　クサンテン下水道

クサンテンは、ワーグナーの楽劇「ニーベルングの指環」に登場する英雄、ジークフリートの生誕地ともされている。現在は、古代ローマ軍団都市を再現した観光都市として栄えている。緩やかな丘陵地帯にライン川が流れ、休日ともなると多くのバイカーに出会う。ラインの川岸にはバイカー目当てのレストランがあり、川風を受けて飲むビールの味は格別である。この近辺は町ごとにアルト系の地ビールがあり、名前は覚えられないほどだ。

トイレ

古代ローマには、前記したように大規模な下水道があった。下水道があれば、トイレはどうなっていたかという興味が湧くところである。

古代の首都ローマには、市内に公衆トイレが設置され、その数は紀元前三一五年の時点で一四四カ所、紀元前三三年には一〇〇〇カ所以上にも及んだと記されている。トイレは水洗式で、大理石の石板に穴が開き、その下に水が流れていた。大理石の石板では、冬は尻が冷たかっただろうと余計な心配をしてしまうが、これはまさしく「厠」である。現代のフラッシュ式による流下方式と、常時流下式との違いがある。糞尿は流水に乗りテヴェレ川に排出された。**【写真8】**に示すように、間仕切りも、男女の別もない。談笑しながらトイレを使っていたようである。浴場は男女混浴が主流であった。羞恥心の発想が現代とは違うのであろう。尻を拭くには海綿や「へら」を使っていた。ちなみに、紀元前五〇〇〇年頃メソポタミア文明のバビロン等では、世界最古の下水道が整備され、一部水洗トイレもあった。

また、古代ローマにはすでにクリーニング屋があり、洗剤として尿を使用していた。毛や絹等の動物性繊維には、石鹸を使わず、尿を醗酵させて作ったアンモニア水を薄めて使っていた。ローマ人は、動物性繊維がアルカリに弱いこと、石鹸よりもアンモニアの方がアルカリが弱いことを知っていたのである。またアンモニア水は、皮のなめしにも使われていた。

石鹸については次のようにいわれている。紀元前三〇世紀頃、メソポタミアのサポー丘の神殿で、生贄の羊を焼いた脂肪が熱で溶けて灰と混ざったものが流れ込んだ川で洗うと、汚れがよく落ちることが発見された。脂肪と灰が混ざったものは天然の石鹸である。このサポー丘が、英語の「ソープ」の語源になったといわれている。

洗濯や皮なめし用の尿に税金をかけたのが、強欲といわれた九代皇帝ウェスパシアヌス（在位六九年〜七九年）である。当時、クリーニング業者等は尿の回収のため、路上に男性の小便用の壺を置いていた。それに課税したのだ。もっとも、この課税を思い付いたのは、五代皇帝で暴君といわれたネロ（在位五四年〜六八年）であったが、悪評のため途中で止めてしまった。それを、ウェスパシアヌスが財政再建のため復活したのである。したがって非常に評判が悪く、このためにウェスパシアヌスは後世に不名誉な名を残した。どういうことかというと、男子用公衆トイレはイタリア語で「Vespasiano」、フランス語で「vespasiennes」と、彼の名前そのままに呼ばれているのである。

尿への課税を諌めたのが、次の皇帝となる息子のティトゥスである。しかしウェスパシアヌスは息子に対して、最初に徴収した税の中から数枚の金貨をすくいあげ、「息子よ、嗅いでみるがよい。匂いがするかどうか」と言ったのである。これが、「お金は出所が何であれ、いやな匂いはしない＝わかりゃしない」というジョークのもとである。

写真8　トルコ・エフェソスのローマ帝国時代のトイレ

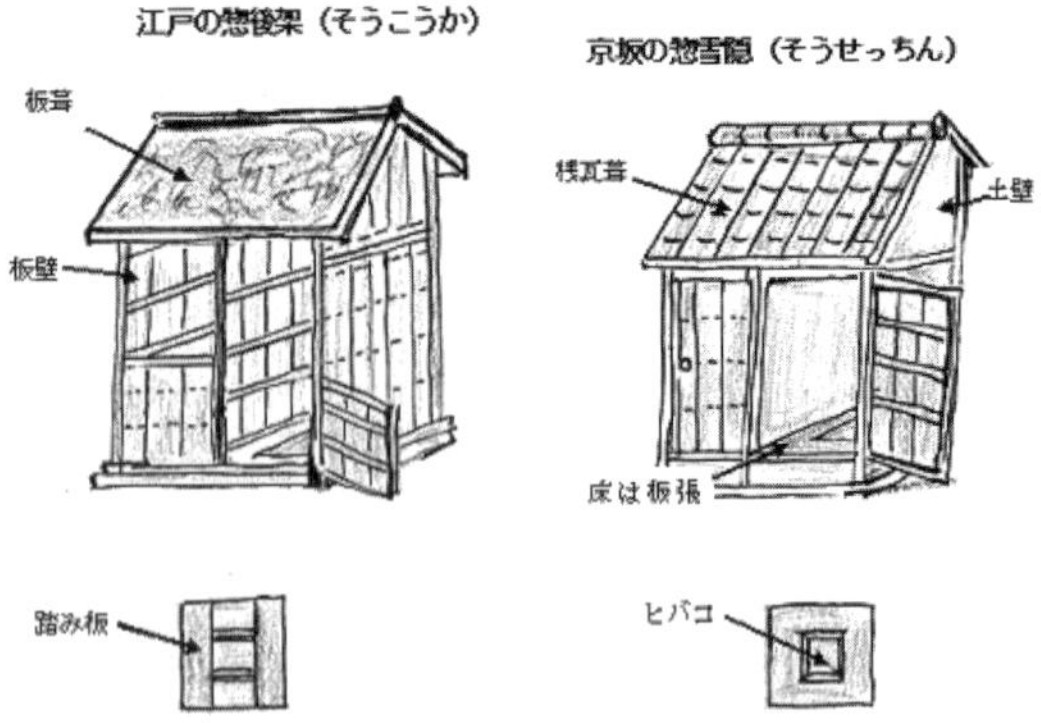

図5　江戸時代の便所

図6　肥桶運び

ちなみに、ウェスパシアヌスは九代目皇帝で、即位は六九年七月である。五代目皇帝ネロの自死は六八年六月で、わずか一年の間に四人の皇帝が即位した内乱の時代であった。彼はネロの浪費や内乱で疲弊した国家財政を建て直すために多くの新税を創設し、その中に尿への課税があった。政治・歴史家のタキトゥス（五五年頃～一二〇年頃）が、著作の「同時代史」の中で、「彼はそれまでのすべての皇帝と違って、皇位に就いたことで以前よりも良くなったただ一人の皇帝である」と評価しているように、ウェスパシアヌスは公正さと寛大さを持ち、その一〇年の治世の間、国内で不穏な出来事は殆ど起こらなかった。コロッセオを建設し、ローマに「パンとサーカス」という安定した時代をもたらした、優れた皇帝であった。しかし、善政も一事の些細な不評政策で台無しになるのである。

一方日本では、江戸時代の便所は汲み取り式であった。長屋の便所は共同使用である。構造は上方と江戸ではかなり違っていた【図5参照】。上方では出入口の扉は現在と同じだが、江戸のそれは、半戸といって上半分が吹き抜けになっており、プライバシーを守ろうという感覚はなかった。小用の方は、上方では路傍に桶を置いて辻便所とし、都の美女さえそこで立って用を足したという。江戸では桶もなしで真っ昼間から往来で用を足した。そしてこれらの糞尿は回収され、肥料として使用した。ここで、糞尿の回収が問題である。肥料としての有効利用は素晴らしいことであるが、糞尿の汲み取り、肥桶での運搬【図6参照】、肥溜めでの貯蔵と、決して衛生的ではない。古代ローマの水洗トイレ・暗渠方式の下水道と、江戸時代の糞尿の回収リサイクル方式、どちらが良いのか。

ローマと江戸の比較

首都ローマの住環境は劣悪であった。二世紀中頃にはローマ市の人口が一〇〇万人を超えたことは前に述べた。ちなみに、首都ローマの範囲はアウレリアヌスの城壁内で、面積は一三八六ヘクタールである。ほぼ同じ広さの東京都墨田区（一三七五ヘクタール）は二〇〇八年に人口約二四万人。首都ローマは墨田区に比べ、約四倍の人口密集状態であった。現在の墨田区では高さ一五〇メートルを越す超高層マンションも出現している。一方古代ローマでは、アウグストゥス帝が、建物の高さを七〇ローマンフィート（二〇・七メートル）に制限している。いかに過密であったかが窺える。

過密都市といわれた江戸は、一八世紀初頭に一〇〇万人都市となった。その範囲について、文政元年（一八一八年）、老中阿部正精は、「別紙絵図朱引ノ内ヲ御府内ト相心得候様」、という幕府の正式見解を絵図面とともに示した。いわく、「東　中川限り。西　神田上水限り。南　南品川町を含む目黒川辺。北　荒川・石神井川下流限り」。これは、現在の行政区画でいうと、千代田区、中央区、港区、新宿区、文京区、台東区、墨田区、江東区、品川区（の一部）、目黒区（の一部）、渋谷区、豊島区、北区（の一部）、板橋区（の一部）、荒川区の範囲で、約八〇〇〇ヘクタールと首都ローマに比べて約六倍の広さがあり、実は過密とはいえないのである。

江戸の下水道の状況は、糞尿については汲み取り、肥料として使われたので、下水に流入したのは生活排水、雨水であり、汚染の程度は低かった。江戸の街には下水道（開渠）が張りめぐらされており、これらの下水道は雨水や宅地内から出る汚水を集め、最終的には川や堀などに流した。汚水を集める下水道は、各家庭の裏にあったことから、「背割下水」と呼ばれていた。江戸の下水道は開渠であったので、下水が滞らないよう維持管理は特に注意が払われ、各町々の責任で行われた。修理は当初、幕府の負担で行われていたものの、次第に各町々に委ねられていった。

江戸には幕府および諸大名の屋敷が建ち並び、治安も良く守られ、その清潔さは、幕末に訪れた欧米の外交官を驚かせたほどであった。同時代、ゴミや糞尿にまみれたパリの大改造が行われたことを考えれば素晴らしいことである。しかし、古代ローマでは首都ローマに限らず、属州の殖民都市や軍団基地まで、下水の地下化、上水と下水の完全分離が行われたことは驚嘆すべきことである。ただ首都ローマにおいては、糞尿やゴミは処理もせずにそのまま放流されていたので、テヴェレ川の汚染はひどかったものと思われる。ローマ帝国は三三〇年、コンスタンティヌス帝のコンスタンティノポリス（現在のイスタンブール）への遷都により次第に寂れ、四七六年には帝国が崩壊した。これにより、下水の管理は行われなくなったものと思われる。

第二章

古代ローマはなぜ長大な水道を造り、トンネルや水道橋を多用したのか

古代ローマの水道幹線の話

首都ローマには、紀元前三一二年に造られたアッピア水道をはじめとして、一一本の幹線の水道があった【図7、8参照】。二二六年に最後のアントニアーナ水道が、カラカラ浴場へ水を供給するために建設された。よって、一一本の水道建設に約五四〇年間かかったことになる。水道幹線の総延長は約五〇〇キロメートルであり、最長は九一・二キロメートルのマルキア水道である。ローマ水道の総延長のうち、地表水路が一五キロメートル、水道橋が五八キロメートルと、地上部は七三キロメートルである。大部分はトンネル(四三一キロメートル)であり、これは水質管理の行いやすさと、外敵侵入時の水路防衛を考慮したものである。一方、水道橋は、ローマ市への到達地点の標高をできるだけ高くするために造られたものである。ローマは「七つの丘の都市」といわれ、丘の頂上部に水を到達させなければ広い範囲への給水は望めない。さらに、丘と丘を結ぶためにサイフォンも使用された。このためトンネルや水道橋、サイフォンの建設には高度な技術が必要であった。

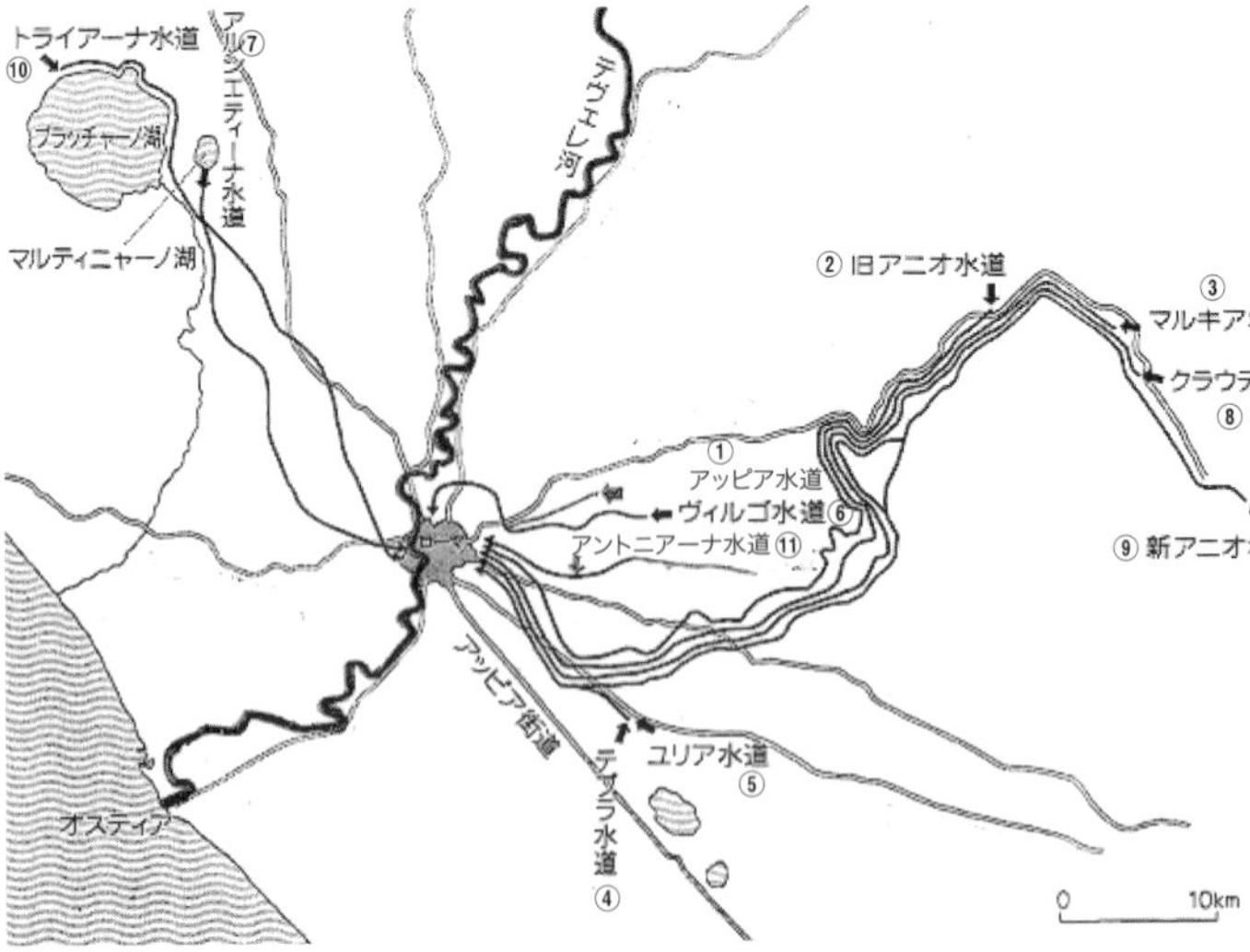

図7　ローマ水道の経路

図8　ローマ市内での水道経路

ローマ帝国は四七六年、帝国の親衛隊長官を務めていた西ゴート族・族長オドアケルの宮廷クーデターにより滅亡した。しかし、ローマ水道はそれ以降も機能を保っていたという。ローマ市はその後、西ゴート、東ゴート、東ローマ帝国と、次々に支配者が変わった。「ゴート戦役史」によれば、五三七年の東ゴート王国軍ウィティギスのローマ侵攻に対して、東ローマ帝国の将軍ベルサリウスは、「ローマ防衛のため、蛮族の侵入路になる恐れのあるローマ水道を封鎖した」と記している。ここで、紀元前三一二年のアッピア水道以来、約八五〇年にわたるローマ水道は、機能を停止したわけである。その八五〇年を踏まえて、まずローマ水道の幹線と主要な属州の水道、および取水設備と水質管理等について紹介する。さらにこれらの比較として、江戸上水の幹線についても言及する。そしてこの章では、序章で提起した第一の疑問について答える。

第一の疑問とは、まだ小国であった古代ローマが、テヴェレ川があるのになぜアッピア水道を造ったのか。そして、最終的に総延長五〇〇キロメートルを超す一一本もの水道を造り、それらはなぜ、江戸上水のように開削水路でなく、トンネルや水道橋であったのだろうか。さらになぜ、水源から他の水道を混ぜることも、地下水や地上水が混ざることもなく、外気にさらすこともなく、地下あるいは、蓋をした状態でローマ市の入口まで運ぶという、細やかな配慮をしたのだろうか。

首都ローマの水道幹線

・アッピア水道

ローマ初の上水道、アッピア水道は紀元前三一二年に完成した。ローマ初の街道、「街道の女王」とも呼ばれるアッピア街道も同じ年に完成した。都市国家ローマは、当時まだ長さ二五〇キロメートル、幅が二〇〜五〇キロメートル範囲の小さな国家であった。このような時代に、後世に残るアッピア水道とアッピア街道を造ったのである。これ以降、約八〇〇年続いたローマ水道やローマ街道の基準を作ったといえる。それは結果的に、数百年先を見通していたことであり、当時の政治家や技術者の素晴らしさがわかる。「すべての道はローマに通ず」と有名なローマ街道の概要を知らなければ、水道を含めた古代ローマのインフラ整備の考え方を理解することは難しい。そこで、この項の終わりにアッピア街道とローマ街道の概要も紹介する。

アッピア水道は全長一六・六キロメートルあり、一日の送水量は七・三万立方メートルである。水源は、テヴェレ川に流れ込むアニノ川上流の火山地帯の湧水群である。直接湧水を利用するのではなく、一五メートルも地下に掘り下げ、トンネルに導いたとのことである。表面からの取水では、雨天時等に汚濁の恐れがあるためであろう。水質は良好で、その維持管理に異常なまでの努力を払っていることがわかる(フロンティヌスの水道書5・65)。アッピア水道のルートは殆どがトンネルで、地下深くに敷設され、地上部分は城壁を越えるわずか一〇〇メートルだけであった。テヴェレ川東岸のトウリゲミナ門近くで貯水槽に入り、市内に給水された。約四〇年後の旧アニオ水道建設の時期まで、首都ローマの水需要を賄ったのである。

この工事を担当したケルソン(戸口監察官　戸口調査と風紀監督・公共請負契約をする権威ある職で、通常執政官経験者から選ばれた)は、アッピウス・クラウディウス・カエクス(紀元前三四〇年〜紀元前二七三年)とガイウス・プラウティウスの二人であった。水源地の泉を発見したのはガイウス・プラウティウスであったが、一年半の任期の中途で職を辞したため、彼の名前は残らなかった。一方のアッピウスは五年間その職にとどまり、工事を完成させた。この当時、ケルソンの任期は通常一年半であった。ローマ元老院はアッピウスの任期を五年に延長させて、街道と水道の両方を造らせた。彼はこの時、二八歳であった。アッピウス自身と、彼を任命した古代ローマの元老院の凄さを感じさせられる。

では、アッピウスとはどのような人物だったのだろうか。彼は政治家・軍人であり、信念の人である。名前にある「カエクス」は「盲目」の意味で、老齢になって盲目となったためにそう呼ばれた。紀元前二八二年、ローマはイタリア南部制圧を目指し、ギリシャ殖民都市国家で海洋都市タレントゥム（ターラント）と、紀元前二七二年まで約一〇年間戦った。ギリシャ西海岸の王国、エイペロスの王ピュロスは、タレントゥムの要請で、二万の傭兵、三〇〇〇の騎兵、二六頭の戦闘象部隊を指揮・来援した。紀元前二八〇年、ヘラクレアの戦いで、ピュロスはローマ軍に勝利するも多大の損失を受けた。そこで彼は、南イタリアからのローマ軍退去を提案して和睦を図ったが、ローマ元老院はこれを拒否した。この拒否を指導したのがアッピウスであり、この情景は「プルターク英雄伝（六）」の「ピュロス伝」に、以下のように感動的に記述されている。

「この時、王（ピュロス）の申し入れが伝えられ、元老院が和解を決議しようとしている噂が広まったので、我慢が出来ず、従者に命じて元老院の議場までフォルムを通って駕籠で運ばせた。それが入口に着くと子供達は婿達と共に抱き上げて議場の中に連れて行ったので、元老院の人々はこの老人に対する尊敬の念から恭しく静粛にした。するとアッピウスはその場に立ち上がって言った。『ローマの市民諸君、今まで私の眼の不幸を甚だしく嘆いてきたが、今となっては盲目の上に聾でないことを悲しむものである。諸君の恥ずべき計画と決議がローマの名声を覆すのが聞こえるからである。諸君がすべての人々に向かって、常に繰り返した言葉は何処へ行った。もしも

写真9　アッピア街道

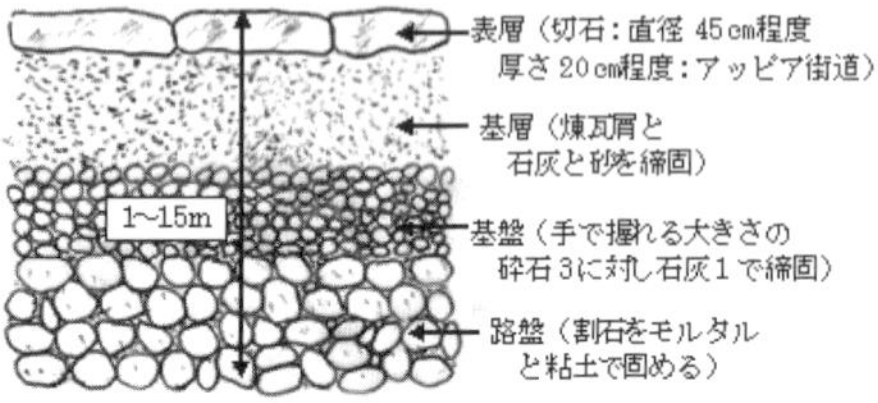

図9　ローマ街道の構造

あのアレクサンダー大王がイタリアにやって来て、あの頃青年であった我々や壮年であった我々の父親と戦ったなら、今日敗北を知らない将軍と称賛されることはなく、逃げるかこの地に斃れるかしてローマの名声をいっそう上げる結果になったという言葉は何処へ行った』」。この言葉に元老院はそれまでの議論を覆し、和議拒絶をした。信念の人、アッピウスの面目躍如である。

ピュロスは、損害が大きく割の合わない戦いの勝利であったことを悟り、財宝を置いて退却した。この財宝が次の旧アニオ水道の建設財源となったのである。アッピウスは、最初のローマ水道を建設したとともに、彼の信念が二番目の水道の建設費まで用意したことになる。したがって、ローマ水道最大の功労者といえるのである。

次に、「すべての道はローマに通ず」の原点となった、アッピア街道とローマ街道の概要を紹介する。

アッピア街道は、サムニュウム族との戦争（紀元前三四三年～紀元前二九〇年）のための、人員・資器材補給用の軍事目的の道路であった。ローマと、ローマ水道の水源の一つであるアルバーナー丘陵を結んでいた街道を、改修・拡大・敷設した道路である。当初のルートは、ローマ市内（カラカラ

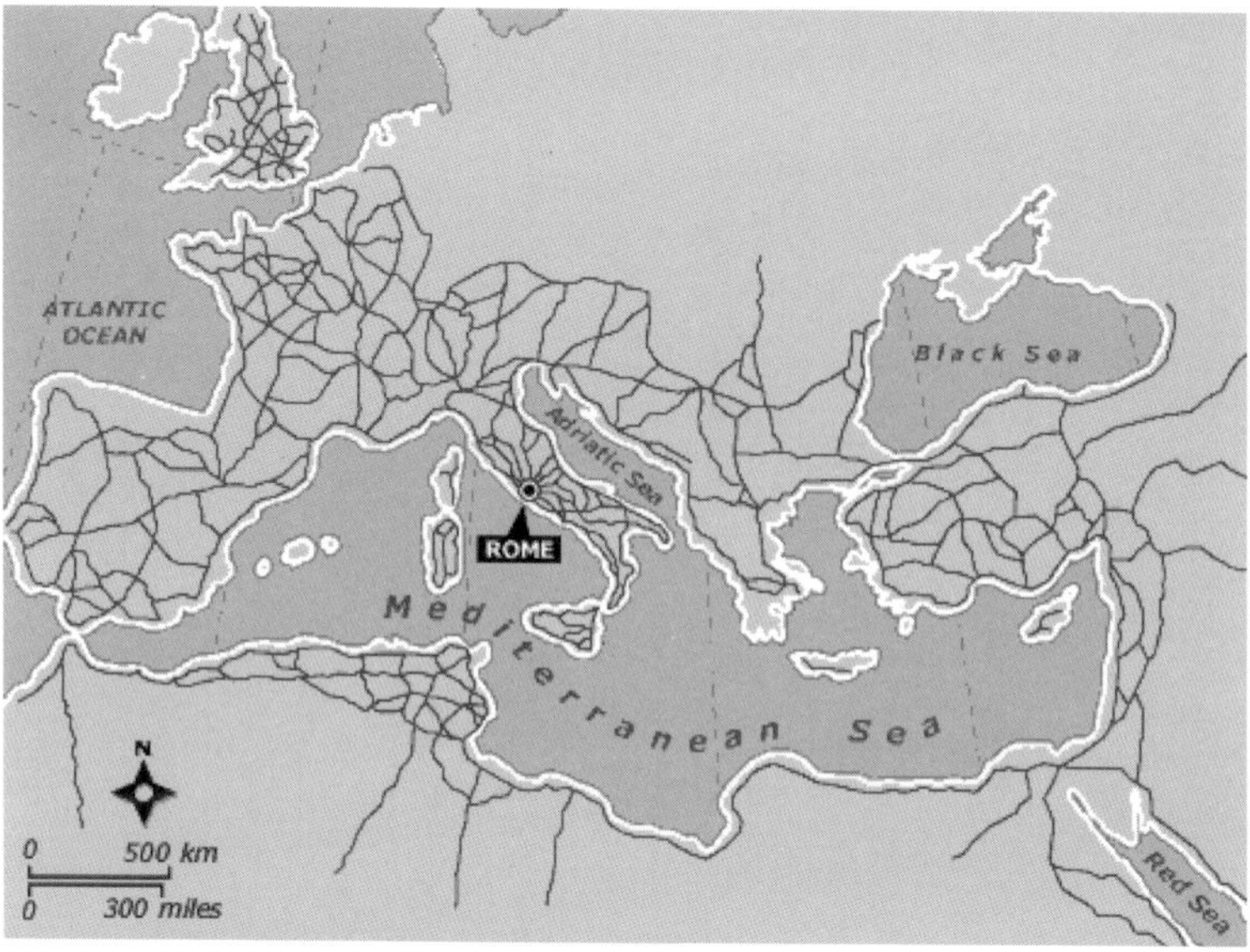

図10　ローマ街道位置図（1世紀頃、幹線道路総延長8万km）

浴場付近）と南方のカプアの約二〇〇キロメートルであった。街道は、【写真9】に示すように石畳で舗装され、モルタルやコンクリートも使用した四層構造の堅牢なものである【図9参照】。車道幅約四メートル、車道の両側に歩道と排水溝があり、これは現在の高速道路にも匹敵する。そして線形は極力、直線で平坦に造られ、軍隊の高速移動を可能とした。そして驚くべきことに、現在もそのローマ街道を使用しているのである。当然補修はしているが。アッピア街道を改修したのが国道七号線であり、イタリアの多くの国道は、ローマ街道を改修したものである。古代ローマ道路技術者の路線選定の素晴らしさを証明するものである。ローマ街道とともに、ローマ水道の中でも水質の良いものは、現在でもローマ市に水を送っている。良いものの命は永遠なのだ。

　石で舗装した軍事用高速道路ともいえるローマ街道は、帝国最盛期の二世紀には、幹線道路が延長約八万キロメートルにも達した【図10参照】。当初は軍事目的であったが、当然、交易や交通にも使用された。

そのために、マイル塚(里程)、駅、旅館、地図、郵便制度等も整備されたのである。一方、わが国の二一世紀初頭の高速道路延長は一万一〇〇〇キロメートルである。「すべての道はローマに通ず」といわれたローマ街道がいかに凄い規模かがわかる。もっとも、ローマ帝国の最大版図は五〇〇万平方キロメートルで、わが国の面積は三六万平方キロメートルではあるが。

・旧アニオ水道

旧アニオ水道は、アッピア水道完成の四〇年後の紀元前二七二年に工事契約をし、二六九年に完成した。工事期間はわずか三年間である。前記したように、ピュロス王の財宝が水道の建設財源となった。

旧アニオ水道は、五二年に同じ水系を水源とした新アニオ水道が造られたため、「旧」という名前を付けられた。全長は六三・六キロメートルあり、一日の送水量は一七・六万立方メートルと、アッピア水道の二・五倍あった。水源はテヴェレ川に流れ込むアニオ川の上流の表層水であり、地上部は三〇〇メートルだけで、あとはトンネルであった。工事監督を務めたのが二名の戸口監察官だったので、水道の名称は個人名とはせずに、水源の川の名前とした。表層水を直接取水していたため、降雨時等に汚濁することがあり、水質はあまり良くなかった。そのため、約四〇〇年後ではあるが、トラヤヌス帝の時代以降、庭園の灌水等の雑用水に転用された(水道書6・92)。

・マルキア水道

三次にわたるカルタゴとのポエニ戦争(紀元前二六四年~紀元前一四六年)は、共和政ローマの生死をかけた戦いであった。一時はカルタゴの将・ハンニバルにより、首都ローマ北約一〇〇キロメートル(紀元前二一七年・トラジメヌスの戦い)まで攻め込まれ、水道も道路も新設する余裕はなかったのである。

それとともに、国難にあえぐローマに人の流入はそれほどなく、インフラ整備の必要性もなかった。

しかし、カルタゴを壊滅させ地中海の覇者となると、首都ローマの人口が飛躍的に増えた。旧アニオ水道が造られた紀元前二七〇年頃の人口約九万人が、紀元前一三〇年頃には約三八万人と四倍に増え、水の需要が増大した。このような状況で三番目の水道、マルキア水道が紀元前一四〇年に造られたのである。そしてその財源はカルタゴからの戦利品であった。同水道は、計画の立案者である法務官（執政官の補佐。この当時は六名いた）、マルキウスの名前を取った。彼は当初、二本の水道の補修を命ぜられていたが、それでは需要に対して間に合わないと、三本目の水道の建設を進言したのが建設のきっかけであった。

マルキア水道はローマ水道最長で、全長九一・三キロメートルある。そのうち地中部が八〇・三キロメートル、橋梁部が一〇・二キロメートル。首都ローマの広い範囲への給水を目的としたので、城壁への到達地の高さは旧アニオ水道より一一メートル高くなっている。水道を高い位置に到達させるため、ローマ水道のシンボルともいえる長大な水道橋を初めて建設した。一日の送水量は一八・八万立方メートルである。

水源はアニオ川上流の湧水源で、石灰岩質の湧水群の地下から取水しているため、水質は良好である（水道書7）。それを表すように、プリニウスは「博物誌」で、「マルキアは全世界の水の中でもっとも透明であり、冷たさや健康的な面でローマ市の光栄となるばかりか、神のローマ市に対するまたとない贈り物である」と絶賛している。この水質の良さのため、一八七〇年、ローマ法王ピオ九世は、イギリスの力を借りてマルキア水道を復興し、現在もローマ市内に給水している。

復興された水道は、水源は同じであるが、延長は九〇キロメートルから五七キロメートルと大幅に短縮された。技術の進歩を示すとともに、古代ローマ時代の水道敷設がいかに大変であったかを物語るものである。

・テプラ水道

テプラ水道は、旧マルキア水道に一四年遅れ紀元前一二六年に建設された。全長は一八・四キロメートルあり、城壁への到達地の高さはマルキア水道よりさらに二一メートル高くしているため、延長九・二キロメートルの水道橋を有している。一日の送水量は一・八万立方メートルで、マルキア水道の一〇分の一程度である。水源はアルバーナー山の渓谷の温泉水といわれている。建設は二名の戸口監察官により行われたが、彼らの名前は付けず、水源が火山地帯の温泉で、水が生温かい(ラテン語で「tepid」。イタリア語で「tepore」)ということから、これを水道の名前とした。テプラ水道は、ラティーナ街道の城壁から一〇マイル(一五キロメートル)のマイルストーンでユリア水道と合流し、六マイル地点で水道の水量比で分岐していた。ユリア水道と一緒に流されたので、当初の水路についてはよくわからない。この合流はフロンティヌスにより分離独立された(水道書8・92)。

・ユリア水道

カエサルらの三頭政治時代(紀元前六〇年〜紀元前五三年)、オクタウィアヌス(アウグストゥス)らの三頭政治(紀元前四三〜紀元前三四)と内乱の時代を経て、政治経済が安定すると、人々は再び首都ローマに流入した。このため、初代皇帝アウグストゥスの時代に、人口が急増する首都ローマのインフラ整備の一環として、ユリア、ヴィルゴ、アルシェティーナの三本の水道が建設された。

五番目のユリア水道は、マルクス・アグリッパにより、紀元前三三年、テプラ水道以来九七年

写真10　ポルタ・マジョッレにおける3水道の遺跡　ゼノ・ディマー作、ドイツ博物館(ミュンヘン)

ぶりに造られた。水道の名称はアウグストゥスの家名「ユリア」にちなんだ。同水道は全長二二・八キロメートル、橋梁延長九・六キロメートルである（水道書9）。一日の送水量は四・八万立方メートルで、水源はテプラ水道と同じ、アルバーナー山の渓谷の冷泉水といわれている。水道のルートはテプラ水道とほぼ同じ経路を採っていて、水道橋では、テプラ水道の上に載せられた。このため橋梁延長は長い。ユリア水道、テプラ水道、マルキア水道の三水道は、首都ローマの南東部に位置するポルタ・マジョッレ（マジョッレ門）で三層構造となっている【写真10参照】。

この、三層構造になっているということが面白い。マルキアの上にテプラ、その上にユリア水道が載っている。構造物の維持管理の面からすれば、三水道を合流させて一本にしたほうがやりやすい。しかし古代ローマ人は三本をそれぞれ独立させた。水質の管理や災害等を考慮して、複数水路のほうが当時は非常時対応が良いと考えたのだろう。水道は何のために必要かを考えた、素晴らしい判断である。

・ヴィルゴ水道

ヴィルゴ水道は、紀元前一九年に、マルクス・アグリッパがユリア水道に続いて建設した水道で、最初の本格的公共大浴場であるアグリッパ浴場に水を供給するために造られた。全長二〇・八キロメートルで、ローマ水道の中ではアルシェティーナ水道に次いで最も標高の低い地点

写真11　トレヴィの泉のレリーフ

に到達している。この水道は広い範囲への給水が目的ではなく、特定目的（アグリッパ浴場）のため、低い標高でも良かったのである。アニオ川上流の火山地帯の良質な湧水源から取水し、一日の送水量は一〇万立方メートルである。水源地とローマ到着地の標高差はわずか四メートルしかなく、一〇〇〇メートルで一九センチメートル下がる千分の〇・一九という非常に緩い勾配で、古代ローマの測量技術の素晴らしさを物語るものである（水道書10）。

ちなみに、アグリッパの浴場は紀元前二五年に建設され、万物の神を祀った神殿、パンテオンの南にあったが、現在は残っていない。パンテオンはアグリッパが建造し、幾度かの大火で倒壊したが、一四代皇帝ハドリアヌス（在位一一七年～一三八年）が再建した。アグリッパの業績を顕彰し、正面には「ルキウスの息子マルクス・アグリッパが三度目のコンスルのとき建造」と記されている。そして、現在でも世界最大の無筋コンクリートのドームであり、それは古代ローマ人の建設技術の高さを物語るものである。

ヴィルゴ水道は、トレヴィの泉にも引かれている。トレヴィの泉は水道橋の終着点を示すモストラ（イタリア語で展示会、アーチの意味）で、とりわけ華麗に装飾された。その彫刻群の中に、図面を見ながら工事を指示しているアグリッパの姿を描いた「水道の建設を是認するアグリッパ」がある。「ヴィルゴ」とは、ラテン語で「少女」とか「乙女」の意味である。**【写真11】**のレリーフにあるように、水源を探していたときに、少女が泉の位置を教えたとの故事により命名された。

水質が良かったため、七八六年にローマ法王アドリアーノ一世はヴィルゴ水道を再建し、さらに一四五三年にローマ法王ニコラス五世（在位一四四七年〜一四五五年）により復興され、現在もトレヴィの泉に水を送っている。今の泉が造られたのは、ローマ教皇クレメンテス一二世（在位一七三〇年〜一七四〇年）の時代である。トレヴィの泉については第四章で詳しく述べる。ユリア水道、ヴィルゴ水道、ローマ初の大規模公共浴場であるアグリッパ浴場を建設し、実質的初代の水道長官であったのがマルクス・アグリッパである【写真12参照】。

マルクス・ウィプサニウス・アグリッパ（紀元前六三年〜紀元前一二年）は、古代ローマの軍人・政治家であり行政官・建設技術者でもあった。彼は一八歳の時に、ユリウス・カエサルに見出されたが、その直後の紀元前四四年にカエサルは暗殺された。カエサルの遺言状で後継者に指名されたのは、オクタウィアヌス（アウグストゥス）であった。アグリッパは軍事面に弱いアウグストゥスの補佐的役割を果たした。特に、紀元前三六年のアクチウム海戦では海軍を指揮し、マルクス・アントニウス／クレオパトラ軍に決定的な勝利を収めた。オクタウィアヌスによるローマ帝国創設の一番の功臣である。

写真12　アグリッパの胸像

アグリッパは、多くの公共施設の建設をするとともに、実質的初代水道長官としてローマの上下水道を管理した。その際に彼は、二四〇名に上る技術者集団を組織していた。アウグストゥスの腹心として彼と共同執政官を三度務め、カエサルとアウグストゥスが目指した帝政による「パクス・ロマーナ（ローマによる平和）」を完璧に理解し、実践した。そしてアグリッパは、アウグストゥスの血筋を残すため、恋女房の大マルケッラと離婚し、アウグストゥスの娘、大ユリアと再婚してアウグストゥスの孫を儲けるほど彼に尽くしたのだ。病弱なアウグストゥスは、頑強な彼を後継者と考えていたが、アグリッパは五一歳の時に死亡。一方、アウグストゥスは七五歳まで生き延びた。人生とはわからないものである。アグリッパは遺言で、私財も彼所属の技術者集団も全てアウグストゥスに遺した。

アグリッパは、建設技術者として以下のように数多くの建造物を残した。

パンテオン建設、ポン・デュ・ガール(後世の建設との説もある)建設、イリウス港(ナポリ北方のアヴェルヌス湖に造られた海軍基地)とクーマへの全長一キロメートルの大規模トンネルの建設、ユリア水道、ヴィルゴ水道建設、アグリッパ浴場建設、殖民都市ケルン建設、マルス広場建設、アグリッパ街道(リヨンとアルルを結ぶローマ街道)建設等である。

・アルシェティーナ水道(別名アウグスタ水道)

七番目の水道は、紀元前二年に完成したアウグストゥス帝時代三本目のアルシェティーナ水道である。彼の右腕のアグリッパは、紀元前一二年、すでに死去している。この水道は全長三二・八キロメートルで、一〇番目のトライアーナ水道とともに、テヴェレ川の西岸に給水している。ローマ到達地の標高はローマ水道の中で最も低く、一日の送水量は一・六万立方メートルとローマ水道最小であった。水源は、ローマ北東部のカルデラ湖のマルティーニャノ湖(旧名アルシェティーナ湖)で、水質は良くなかった。この水道は、工場の密集したトランステヴェレに給水し、飲料水ではなく主に工業用に使用していたものと思われる。そのためこの地域では、水車が数多く使用されていた。

フロンティヌスは「水道書11」で、「聡明をきわめたアウグストゥス帝がアルシェティーナ水道を引いた理由はよくわからない。アルシェティーナ水道には良い点がまったくない。実際、水は衛生的とは言い難く、したがって、公共用にはまったく供されなかった」と酷評している。執政官を三度も務めた有能な軍人・政治家のフロンティヌスが、水道技術者として始祖アウグストゥス帝をおおっぴらに批判する、古代ローマのオープンさは面白いことである。

古代ローマではこのように、部下が上司をおおっぴらに批判してもよかったようである。紀元前四五年に、内乱終結を祝うカエサルの凱旋式がローマで挙行された。彼にとって最初で最後の凱旋式であった。凱旋将軍のカエサルは、黄金の胸甲をまとい、正式の軍装をして四頭の白馬の引く戦車に乗り、群衆の歓呼に応えていた。この時に、参列した部下が「市民たちよ、女房を隠せ。女たらしのお出ましだ！」と、シュプレヒ・コールを繰り返したとのことである。カエサルの手の早さを揶揄しており、これをカエサルは部下に止めるように言ったが、止めないので苦笑した、と記録に残っている。人にも時代にもよるが、古代ローマ人にはかなりのオープンさがあったのだろう。

・クラウディア水道

八番目のクラウディア水道は、三代皇帝カリグラ（在位三七年～四一年）が、新アニオ水道とともに三八年に建設を始め、四代皇帝クラウディウス（在位四一年～五四年）により五二年に完成した。皇帝クラウディウスは、二本の水道の建設とともに、テヴェレ河口にオスティア港の開港と、失敗作に終わったフキヌス湖の干拓・農地造成工事等、数多くの建設事業を行った。

全長六八・七キロメートルで、新アニオ水道に次いでローマ到達地は二番目に標高が高いために、一四・二一キロメートルとローマ水道最長の水道橋を有している（水道書14）。この水道橋はナポ

写真13　クラウディア水道

リへの鉄道線路沿いにあり、長い時間、車窓から眺めることができる。古代ローマ人は、よくもまあこんなに長い水道橋を造ったものだと感心する【写真13参照】。水源はアニオ川上流の石灰岩質の湧水群で、一日の送水量は一八・四万立方メートルである。水質は非常に良かったことから、アレクサンデル・セウェルス帝（在位二二二年〜二三五年）は、食事の時には必ず一パイントのクラウディア水道の水を飲んだという逸話が残されている。

・新アニオ水道

九番目の水道は、クラウディア水道と同様に皇帝クラウディウスが建設し、五二年に完成した。全長は八六・九キロメートルで、一一・五キロメートルの橋梁がある。その高さは三三メートルに達するものもあり、ローマ水道の中で最高の高さとなっている。一日の送水量は一九万立方メートルと、ローマ水道中最大であり、ローマ到達地点の標高も最高である。水源は当初、アニノ川上流の表層水を使用していたため、水質は不良であった。このことから、ローマ市内の給水に最も悪い影響を与えていた。そこでフロンティヌスは、スビアコの上流の皇帝ネロ（在位五四年〜六八年）の別荘近傍のダム湖からの取水に変更した。ダム湖は鬱蒼とした森に囲まれ水温が低く、水質はマルキア水道に匹敵するものとなった。カンパニア平原では、クラウディア水道の上に搭載されている（水道書15・93）。

ちなみに、スビアコのダムについての詳細な記録はないが、浪費家で、派手好きの皇帝ネロが、レジャー用のダム湖をアニオ川の自分の別荘の近傍に造ったといわれ、

写真14「聖ベネディクトの生涯」1428年作

それは、舟遊びや模擬海戦(ナウマキア)用だと思われる。ネロ帝は、母親アグリッピナや二人の妻の殺害、豪華な黄金宮建設のためにローマの町へ放火したとの疑いや贅沢三昧と、非常に評判が悪い。しかし、結果論ではあるが、非常に有用な取水用ダムを造ったことになる。

この地は、アニオ川が深い峡谷を形成しており修行に向いているため、カトリック教会最古の修道会の創始者ベネディクトが、三年間岩窟で隠遁生活をした。そして彼は、隠遁生活とは共同生活の中で充分訓練を受けた者がすべきであることを悟り、五二九年、ローマとナポリの中間にあるカシーノ山(モンテ・カシーノ)に修道院を建てた。この年をベネディクト会創立の年とみなしている。**【写真14】**に示す聖ベネディクト修道院に飾られている「聖ベネディクトの生涯」の絵の下方にダムが描かれており、ダム堤頂左側で釣りをしているのがベネディクトである。聖者が釣りをしているとは面白い構図である。ダムは、二つの余水吐を持った、表面が石積みのコンクリート製である。堤高約四〇メートル、堤頂幅一三・五メートル、堤長八〇メートルといわれている。一三〇五年に大水で破壊され、その残骸は今もアニオ川の河床に残っている。

なお、スビアコのダムを上回る高さのダムは、一五九四年にスペイン南部アリアンカに建設された、高さ四三メートルの石積ダム、ティビ・ダムである。それまで約一五〇〇年余、スビアコのダムを上回るものはなかった。いかに古代ローマの技術力が高かったかを物語っている。スビアコには現在も、ベネディクトにちなんだ岩壁修道院(聖ベネディクトゥス修道院)と、ベネディクトの双子の妹の聖スコラスティカ修道院がある。聖ベネディクトについては、もう一つローマ水道に因縁の話がある。一四二九年にモンテ・カシーノのベネディクト修道院で、羊皮紙二三枚に書かれたフロンティヌスの手写本、「ローマ市の水道書」が発見されたのである。

フロンティヌスとはどのような人物であったのかをここで紹介する。彼は九七年、ネルヴァ帝により水道長官に任ぜられた。出生、家柄等は不明で、七〇年にプラトリエ・ウルバヌス(市民係法務官)に任命された。通常この職は三五歳で就任するので、生まれは三五年頃と思われている。七四年に執政官に選ばれ、その後ブリタニア属州総督として功績を挙げた。ブリタニアから帰還した七八年に「戦術書」、八四〜九六年に「戦略書」、その他、測量術の二編の著作があり、政治家、軍人としてのみならず、著作家としても有能であった。九八年、トラヤヌス帝の下、水道長官から二度目の執政官となる。一〇〇年に、三回目の執政官としてトラヤヌス帝のダキア(現ルーマニア)遠征に従った。そして一〇三年あるいは一〇四年に亡くなった。文武、技術、政務に通じたオールマイティな人物であった。水道長官に任命されると、自身の執務マニュアルとして「ローマ市の水道書」を書き上げた。その「水道書」1・2に、フロンティヌスの水道長官としての心構えが書かれている。長文になるが、以下に紹介する。

「皇帝から親任される任務には格別の心づかいを要することは当然であるが、さらに私は生来、責任感が強く、忠実な性格で、これまでも仕事を任されると、ただ一途精勤、献身してしまうのが常であった。このたびは、私はネルヴァ帝から水道長官の職に任命されて、この感がますます強い……。水道の職務は都市の便益のみならず、その衛生から、さらには安全にまで関係するもので、従来、わが帝国の最も高位の人物がその総括に当るのが常であったので、私は任務につく前に、その仕事に通暁することが、最初になすべき最も肝要なことと考えた。これは私が他の任務についた場合にも、いつも原則的にとってきた方策であった。

私はどの仕事の場合でも、この方策以上に確実なものはなく、これがなくては何を行い、何を廃止すべきかも決定できないと考える。また同時に、ひとかどの男子たるものが、自分にゆだねられた任務を技術顧問に教えられて遂行するほど不名誉なことはないと思う。

しかし、ある人が直面する問題に未経験で、実際的な知識を部下に頼らざるをえない場合には、このような事態も避けられない。こうして、部下に重要な任務の遂行を助けられることになるが、本来、彼らは統括する長の手足であり、道具であるはずのものなのである。こういうわけで、私は今まで色々の任務についた場合、その執務の手順を観察しながら、各所に散在する情報を集めて、共通の課題に整理し、自分の監督の指針のために、このような体系的な小冊子をまとめあげてきた」

執政官という首相級の経験者で、水道長官の経験後、さらに二度も執政官を経験した人物の素晴らしき心構えである。このような優れた人物を水道長官に据えるほど、ローマ水道は重要視されていたのだ。なお「水道書」の内容は、①1〜3節 緒言、②4〜17節 水道の歴史と導水管の概要、③18〜22節 市内の導水管の経路、④23〜63節 給水量の単位と給水管の規格、⑤64〜76節 水道の送水(取水)量の測定、⑦77〜86節 市内外の給水内容、⑧87〜93節 トラヤヌス帝の給水の改良、⑨94〜130節 水道関係の法規、という一三〇節から構成されている。

日本文で七五頁の大著を、わずか一年余の在任期間に完成させた。驚くべき忠勤と才能である。「水道書」はローマ市の水道の管理のすべてを網羅した書籍である。この本は単にローマ市の水道管理に役立っただけでなく、古代ローマの広大な領土に敷設された水道の管理にも非常に有用なものであったと思われる。一方、一六〇〇年〜一七〇〇年後の江戸上水の管理はどのようであったのか、興味がそそられるところである。

・トライアーナ水道

一〇番目の水道は、一一七年、帝国の最盛期に第一三代皇帝トラヤヌスにより建設された。フロンティヌスの「水道書」以降に建設されたため詳細は不明である。水源は、ブラッチャーノ湖付近の火山地帯の湧水群。延長五九・二キロメートルで、テヴェレ川西岸に給水した。多分水質は良かったのであろう、そのため一六一二年ローマ法王パオロ五世により復活され、パオラ水道と改名して、現在一日に九・五万立方メートルの水をローマ市内に送水している。

このパオラ水道について、文豪ゲーテが著作の「イタリア紀行」に書いている。「サンピエトロの前の広場で、私たちはアクア・パオラの横溢する水に挨拶をしたが、これはある凱旋門の大門や小門のあいだを五条の流れとなって通りぬけ、釣合いの取れた大きな貯水池をなみなみと満たしていた。この豊富な水はパオロ五世によって再建された水道を通って、ブラッチャーノ湖の背後から、多趣多様な丘陵のために生じた奇妙なジグザグをなして、ここまで二五イタリア・マイルの道を流れてきて、数々の水車や工場の需要をみたし、あわせてトランステヴェレに行きわたっている」。数あるローマ水道のうち、ゲーテが讃えているのは、トライアーナ水道だけである。バチカンのサンピエトロ広場という立地もあろうが、印象深かったのであろう。イタリア・マイルとは、ローマン・マイル（一・四八キロメートル）のことで、延長三七キロメートルとなり、当初の延長五九・二キロメートルよりも大分短縮していることがわかる。そしてこの時代も、トランステヴェレが工業地帯であったことを示している。

・アントニアーナ水道（別名アレキサンドリア水道）

ローマ最後の水道は、二二六年に、通称カラカラ帝、マルクス・アウレリウス・アントニヌス帝（在位二一一年〜二一七年）が、カラカラ浴場への給水のために建設した。完成は彼の自死九年後、アレクサンデル・セウェルス帝の時代である。延長二二・四キロメートルで送水量、水質は不明。

水源は火山地帯のアレッサンドリーナ湧水群である。水質は不明であるが、良質であったと思われる。このためローマ法王シクストゥス五世のもと、一五八五年に再建された。シクストゥス五世の洗礼名が、「フェリチェ・ペレッティ」であることから、フェリチェ水道と名付けられた。

首都ローマの水道幹線の分析

前節で、一一本のローマ水道幹線の概要を示した。これらを並列的に記述してもローマ水道の目的や特徴はわかりづらい。そこで、一一本のローマ水道の建設時期、水路距離、送水量、構造と、ローマ到達地の標高、および水源がどのようであったかを**表1**にまとめた。この表の分析から、ローマ水道の考え方や狙いを把握して、第一の疑問の解明をする。表1に示した水道の高さは、ウィキペディア「ローマ水道」によった。高さは平均海水面が基準と思われるが、テヴェレ川船着場の高さを基準としたもの**【後掲する表2】**と差異がある。

・水源と水質

アニオ川、あるいはその近傍の湧水を水源としている水道が、アッピア、旧アニオ、マルキア、ヴィルゴ、クラウディア、新アニオの六本。アルバーナー山の渓谷を水源とする水道は、テプラ、

表1　ローマ水道の概要

水道名	建設時期	建設者	水路距離(km)				水路断面	送水量	高さ(m)		勾配	水源と水質
			延長	地下部	地上部	橋梁	幅×深さ(m)	(㎥／日)	水源	配水池	(1/1000)	
アッピア	BC312	戸口監察官 アッピウス・クラウディウス	16.6	16.5	0	0.1	0.69×1.68	73,000	30	20	0.60	アニオ川上流の谷の湧水。水質良好
旧アニオ	BC272-BC269	戸口監察官 フルウィウス・フラックス	63.6	63.3	0.3	0	0.91×2.29	175,920	280	48	3.65	アニオ川表層水。水質不良。トラヤヌス帝以降は庭園灌水等に
マルキア	BC144-BC140	法務官 マルキウス・レックス	91.3	80.3	0.8	10.2	1.52×2.59	187,600	318	59	2.84	アニオ川上流の谷の湧水。水質良好
テプラ	BC126	戸口監察官 カエピオ&ロンギヌス	18.4	8.4	0.8	9.2	0.76×1.07	17,800	151	61	4.89	アルバーナー山渓谷の温泉水
ユリア	BC33	マルクス・アグリッパ	22.8	12.4	0.8	9.6	0.61×1.52	48,240	350	64	12.54	アルバーナー山渓谷の冷泉水
ヴィルゴ	BC21-BC19	マルクス・アグリッパ	20.8	19	0.8	1.0	0.61×1.75	100,160	24	20	0.19	アニオ川上流の谷の湧水。アグリッパ浴場用
アルシェティーナ	BC10-BC2	アウグストゥス帝	32.8	32.3	0	0.5	1.75×2.59	15,680	209	17	5.85	マルティーニャノ湖。飲料不可。工業用水用。模擬海戦用人工湖にも給水
クラウディア	AD38-52	カリグラ帝 &クラウディウス帝	68.7	53.6	0.9	14.2	0.91×1.98	184,280	320	67	3.68	アニオ川上流の谷の湧水。水質良好
新アニオ	AD38-52	カリグラ帝 &クラウディウス帝	86.9	73	2.4	11.5	1.22×2.74	189,520	400	70	3.80	当初アニオ川表層水。スビアコのダム湖に変更
トライアーナ	AD109-117	トラヤヌス帝	59.2	59.2	0	0	1.30×2.29	?	?	?	?	ブラッチャーノ湖付近の湧水。水質不明
アントニアーナ	AD226	カラカラ帝～アレクサンデル・セウェルス帝	22.4	12.8	7.2	2.4	-	?	?	?	?	アレッサンドリーナ湧水群。カラカラ浴場用
			504	430.8	14.0	58.7		992,200				

ユリアの二本。ローマ北西の湖周辺を水源とするのが、アルシェティーナ、トライアーナの二本の水道。最後の水道、アントニアーナの水源はアニオ川とアルバーナー山の中間地帯である。

水質が良いといわれているのが、アッピア、マルキア、ヴィルゴ、クラウディア、新アニオ水道（スビアコのダム湖）で、水質が悪いといわれているのが、旧アニオ、アルシェティーナ水道である。水質の悪い水道は庭園の灌水や工業用として使用された。

ローマ水道の水源の考え方を整理すると、河川の表層水を水源としているのは旧アニオ水道だけで、他は湧水や湖の深層水を利用している。古代ローマ人が、湧水や湖の深層水を利用するという思想は信仰にも近い。この考え方は、現代のヨーロッパの水道に受け継がれているのだ。具体的にはウィーン、ミュンヘン、パリ、ローマ等の水道である。

オーストリアの首都ウィーンは人口一六〇万人の都市である。一八七三年にシュバルツァ渓谷のカイザーブルンの湧水地より約九〇キロメートルを、一九一〇年にはザルツァ渓谷の湧水を約二〇〇キロメートル、導水管でウィーンに送水した。現在、これらの湧水からの水道がウィーンの水需要の八〇％を満たしているので、ウィーンの水は世界一美味いとの評価を得ている。これはウィーンのコーヒーが美味いという理由でもある。このため、ウィーンで有名なカフェー、「ザッハ」や「デメル」でコーヒーを注文すると、一杯の水をサービスしてくれる。有料のミネラルウオーターしかないことが多いヨーロッパのカフェーでは珍しいことである。それほど飲み水に誇りを持っている。しかし問題は、お冷ではなく、夏の最中は生ぬるい水なのだ。日本人には、夏には氷を浮かべるか、冷やした水が好まれるのだが。

ビールで有名なドイツのミュンヘンは、現在人口一三〇万人の都市である。ウィーンと同様に、同じ時期から湧水を導水しており、一〇〇％湧水で賄っている。

フランスのパリでは、一八六五年にデュイス川の湧水から約一三〇キロメートル、一八七四年にヴァンヌ川の湧水から約一六〇キロメートル、一八九三年にアーヴル川の湧水から一二〇キロメートルの水道を造り、パリに導いた。一九〇〇年に、ロアンおよびルナン湧水水道がヴァンヌ水道に連結された。一九二四年にヴルジー湧水水道が造られ、ロアン水道に連結された。現在は人口の増大により、小パリ（ヴィル・ド・パリ）の水需要の六〇％をこれら六本の湧水からの水道が満たしており、残りはセーヌ川の濾過水である。大都市パリの水道にかける意気込みがわかる。

本家本元のローマでは、ルネサンス期にローマ法王によりヴィルゴ、トライアーナ（パオラ）、アントニアーナ（フェリチェ）の三本のローマ水道が再建された。そして一八七〇年、水質の良いマルキア水道の水源地から、新たに五七キロメートルの新マルキア水道の導水管が敷設された。さらに一九四九年、石灰岩質のアッペニーノ山脈のペスキエーラ川湧水地から一三五キロメートルのペスキエーラ水道の導水管を敷設し送水した。古い三水道については、一九三七年にヴィルゴ水道を廃止して、延長一三キロメートルの新ヴィルゴ水道を完成させた。一九六八年にはフェリチェ水道を廃止して、アッピア水道の水源から一三キロメートルの導水管を持つ、アッピア・アントニアーナ水道が造られた。現在ローマ市には五本の水道で給水している。その送水量は、ローマ市民一人一日当り、五二〇リットルである。

これらヨーロッパ諸都市の水源の考え方は、古代ローマ水道の考え方、「極力河川の表層水は利用せず、遠くとも湧水を使用する」を踏襲しているのである。一方わが国の場合、湧水の豊富な熊本市・岐阜市等を除いて、河川の水に薬品を使用した凝集沈殿、濾過、殺菌処理をした水道水が主流であり、根本的な思想が大きく異なっているのだ。水源からの水をそのまま使うのと、薬品を沢山使わねばならない水と、どちらが良いかは自明であろう。

・送水量

ローマ水道一一本の総送水量は、一日当り一一三万立方メートルといわれ、首都ローマの人口一人一日当り一・一立方メートルに相当する。東京都では二〇〇六年度、供給対象人口一二三七万人に対して、東京都水道局の供給量は一日に四四五万立方メートル。したがって、一人一日当り〇・三六立方メートルであり、いかに首都ローマは豊富に水を供給していたかがわかる。

【図11】に示す首都ローマの人口と送水量の関係からわかるとおり、テプラ水道が造られた紀元前一二六年から約一〇〇年間、外征や内乱のため新規水道建設が滞り、人口増大に対して水不足となった。そこで、アウグストゥス帝の時代に三本の水道、ユリア、ヴィルゴ、アルシェティーナ水道が造られた。さらにクラウディウス帝の時代に、大型の二本の水道、クラウディア、新アニオ水道が造られたのである。当然のことではあるが、人口の増大に合わせて水道建設が行われていることが、**【図11】**から読み取れる。

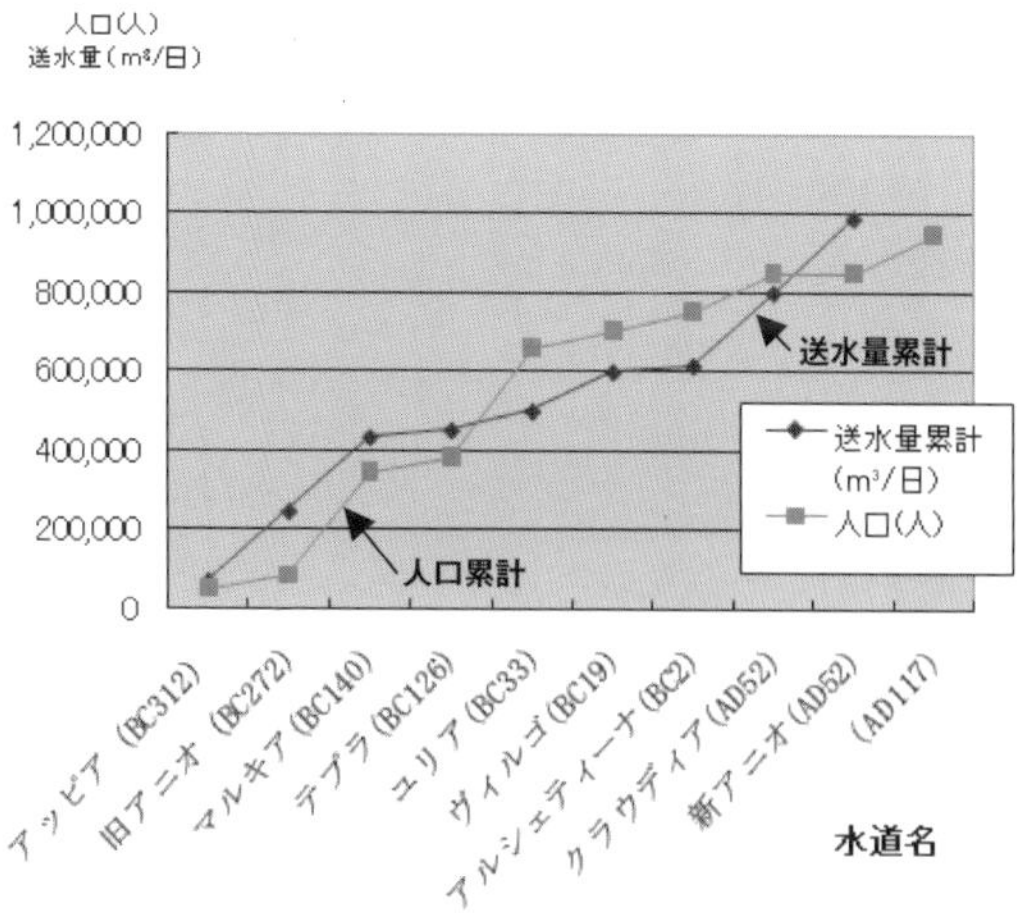

図11　首都ローマの人口と送水量の推移

送水量のランキングは、新アニオ、マルキア、クラウディア、旧アニオ、ヴィルゴ、アッピア、ユリア、テプラ、アルシェティーナ水道の順になっている。一〇番目と一一番目のトライアーナ、アントニアーナ水道は不明である。

・構造

首都ローマへの最も短い水道はアッピア水道の一六・六キロメートル、最長の水道は九一・三キロメートルのマルキア水道である。一方、帝国内で最も長い水道は、二世紀にカルタゴに造られた延長一三二キロメートルのハドリアヌス水道である。このことからも、安全な水の確保に大変な努力をしていることがわかる。

ローマには七つの丘があり、起伏に富んだ地形である。当たり前のことであるが、ローマ水道は自然流下のため、丘の頂上部に水道が到達できれば広い範囲に給水が可能である。水道を高い位置で保つには、長い距離の水道橋が必要となる。【図12】に、ローマ到達地の標高と水道橋延長を示す。ローマ到達地標高が五九メートル以上のマルキア、テプラ、ユリア、クラウディア、新アニオの五本の水道は、延長九〜一四キロメートルの長大な水道橋を有している。一方、ローマ到着地標高が四八メートル以下の他の水道の水道橋延長は、アントニアーナ水道の二・四キロメートルが最長で、他はもっと短い。したがって広い範囲の給水のために多大な努力をしていた。フロンティヌスは、「このように、大量の送水のために不可欠にならぶ構造物の行列を、もしお望みならば、無用のピラミッドや、有名であるが無益なギリシャ人の労作と比較していただきたい(水道書16)」と、「不可欠」を強調して、壮大な水道橋を自慢しているのである。「不可欠」の意味は、「ローマ市の全域に給水するために必要」とのことだ。

ここまでの分析で、読者には第一の疑問の答えはおわかりだろうが、以下に筆者の考えを記述する。

なぜこのような遠距離の、そして一一本もの水道が必要であったのだろうか。それも江戸上水のように開削水路でなく、トンネルや水道橋なのだろうか。それぞれの水道は水源から、他の水

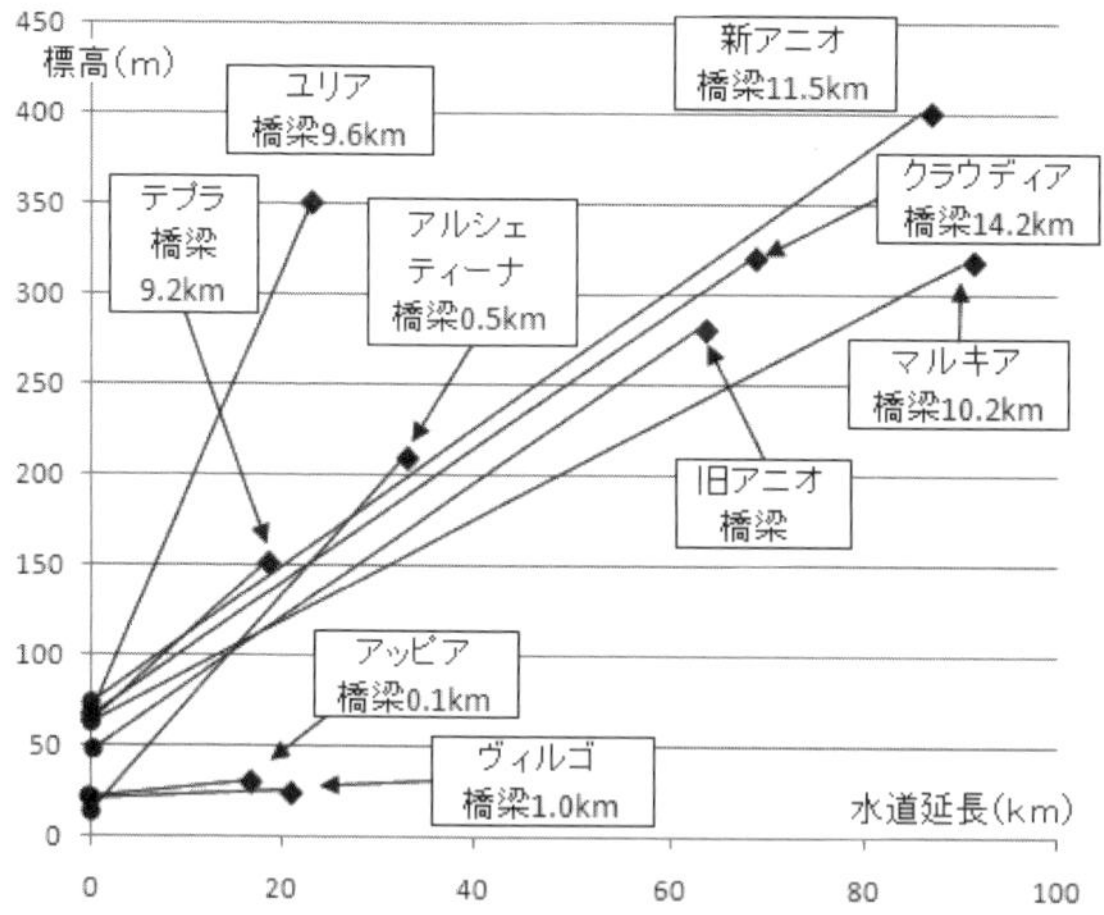

図12　ローマ水道の水源・ローマ到達地の標高と水道延長

道を混ぜることも、地下水や地上水が混ざることもなく、外気にさらすこともなく、地下あるいは、水路に蓋をした状態でローマ市の入口まで運ばれた。なぜこのような細やかな配慮をしたのだろうか。これが第一の疑問である。

遠距離の水を運んだのは、水源信仰といえるであろう。水源の清冽な水を、そのままの状態で運ぶことのみに注力したのである。決して、クロアカ・マクシマから排水がテヴェレ川に流入していたためではない。その理由は、アウレリアヌスの城壁に囲まれたテヴェレ川の延長にある。両岸合わせて高々一五キロメートルである。水路断面の大きさは違うが、四三一キロメートルにもなる水道トンネルを建設する技術のあった古代ローマ人は、市域の下流にクロアカ・マクシマの排水路を造ることは十分可能であった。テヴェレ川の汚染のみが原因ならば、新排水路を造るほうが、総計五〇〇キロメートルにもなるローマ水道を建設するよりもはるかに安上がり

となるはずである。

それとともに、テヴェレ川がローマ市の最も低い所を流れていたことを忘れてはならない。テヴェレ川から丘の上まで最大で約五〇メートルもあるのだ。したがって、テヴェレ川の水を丘の上に汲み上げるには膨大な労力がいる。標高の高い水源地から、トンネルと水道橋でローマの七つの丘に運ぼうとしたのである。そして水道の数が一一本になったのは、当然のことではあるが、人口増大に合わせたのだ。また一一本の水道を独立として混ぜなかったのは、水道管理を容易にするためである。

古代ローマ属州の水道

前節で首都ローマの一一本の幹線水道について説明した。【図4】に示したように、古代ローマは数多くの殖民都市をその領土に建設した。それらは「ミニローマ」として、首都ローマ同様にインフラが整備された。そのために首都ローマに負けず劣らず大変な努力をして、安全な水の供給を図ったのだ。以下に殖民都市フランスのニーム、チュニジアのカルタゴ、ドイツのケルン、スペインのメリダの水道について説明する。

・ニーム水道

ニーム水道の特徴は、世界遺産にもなっている三層の石造アーチ橋、ポン・デュ・ガールである。ニームはフランス・プロヴァンス地方に位置し、コローニア・アウグスタ・ネマウサと呼ばれていて、紀元前四九年に軍団基地が置かれた殖民都市である【図13参照】。ニーム水道は、水源となるユゼの泉からニームへの延長約五〇キロメートル、幅一・二メートル、高さ一・八メートルの水

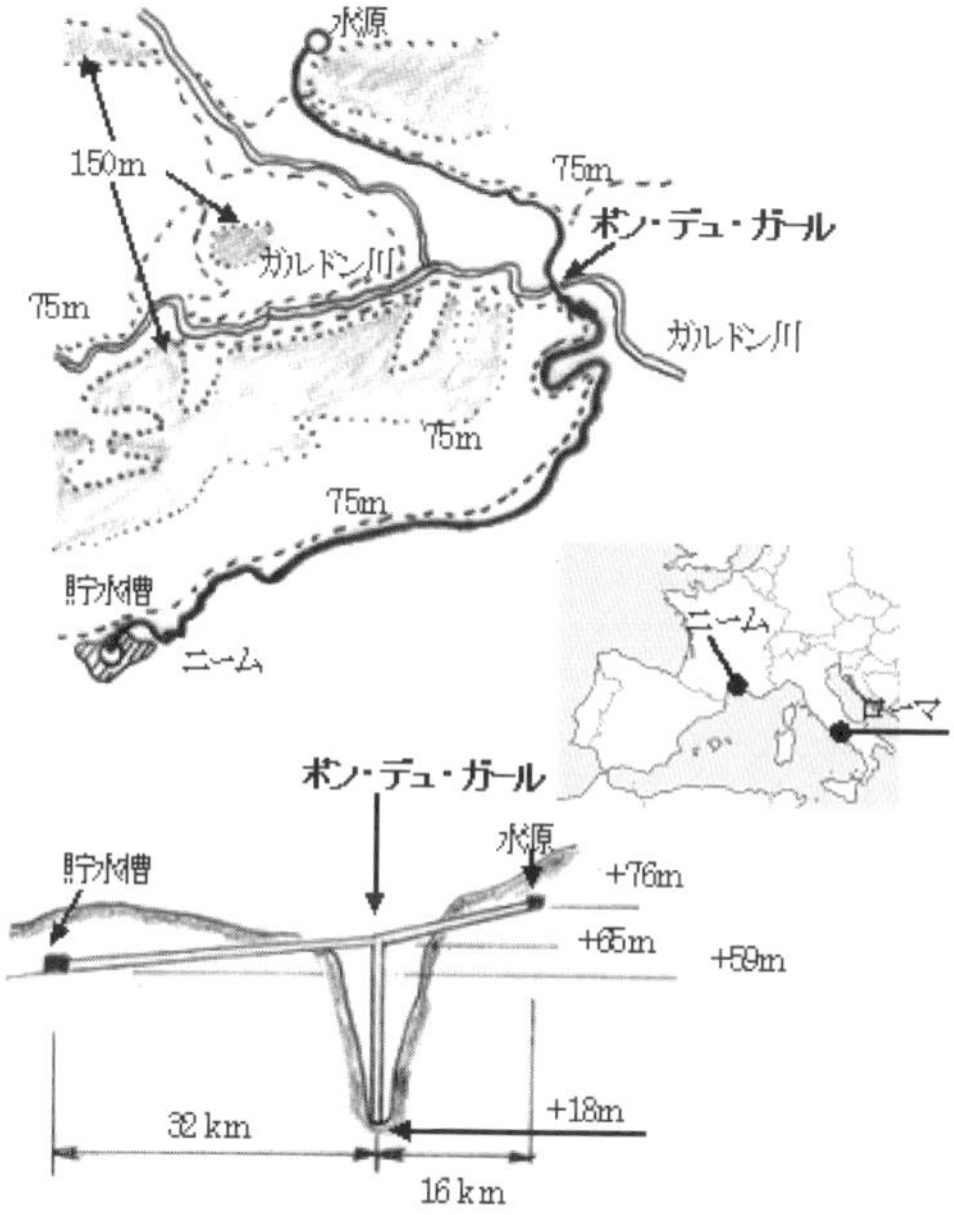

図13　ポン・デュ・ガール位置図

写真15　ポン・デュ・ガール

路で、送水量は一日当り二〜四万立方メートルと推定されている。この水道の標高差は一七メートルしかなく、平均勾配は一キロ当り三四センチメートルとヴィルゴ水道並みの非常に緩やかな勾配である。途中のガルドン川を渡る水道橋、ポン・デュ・ガールは高さ約五〇メートル、長さ約五〇〇メートルの石造アーチ橋である【写真15参照】。その規模から、当時「悪魔が造った橋」と噂され、数々の伝説がある。また、ニームの町の入り口に造られた貯水・分水槽（カステルム）は、保存状態が良いことで知られている。

ポン・デュ・ガールは、紀元前一九年頃、ガリア提督であったアグリッパの命令で架けられたと考えられていた。しかし近年の研究で、四代皇帝クラウディウスの頃に建設されたとの説が有力になっている。当時のニームは人口二万人程度とされている。

フランスの哲学者・政治思想家・教育思想家・作家で、フランス革命にも多大な精神的影響を及ぼした、ジャン・ジャック・ルソー（一七一二年〜一七七八年）は、ポン・デュ・ガールを見てその感動を次のように述べている。「この三層から成る建造物の上を歩き回ったが、敬意のあまり足で踏むのをためらうほどであった。……自分をまったく卑小なものと思いながらも、精神の高揚を覚えて、なぜ自分はローマ人に生まれなかったのかとつぶやいていたのだった」。このように、ポン・デュ・ガールはフランス、そしてローマの誇りでもある。二〇〇〇年もの間、自然の猛威に耐えることができたのだ。まさしくこの時代に、よくもまあこれほどの橋を造ったものだと思う。ルソーではないが、ローマ人としてこの橋の建設に携わりたいと思うのは当然であろう。筆者は、前記したように世界一の吊橋、明石海峡大橋の建設に携わったが、現代のシビル・エンジニアの眼を通しても、ポン・デュ・ガールが二〇〇〇年も前に建設されたことは驚き以外の何ものでもない。当時の材料や機械で造れと言われたら、頭をひねってしまうのである。

ちなみにニームは中世、織物産業が盛んで、ジーンズの生地「デニム(de Nimes)」は、ニームが語源となっている。この地はまた、温暖な気候に恵まれ、「コスティエール・ド・ニーム」という、美味なワインを生産している。ポン・デュ・ガール周辺は公園になっていて、橋の見える林の中にオープンテラスのレストランがあり、安くて美味いプロヴァンス料理が食べられる。五月には、新緑とアスパラガス料理が素晴らしい。風に吹かれて、緑に映えるポン・デュ・ガールを見ながら飲むワインは格別である。

・カルタゴ水道

カルタゴ水道は全長一三二キロメートル、古代ローマで最長の水道である【図14、写真16参照】。カルタゴは、現在のチュニジア共和国の首都チュニスの、チュニス湖東岸にあった古代都市である。第三次ポエニ戦争（紀元前二〇一年）で壊滅したが、カエサル、アウグストゥスにより再建された。二世紀頃には人口三〇万人程度の都市に発展し、ローマ帝国ではエジプトのアレキサンドリアに次ぐ三番目の都市になった。このため公共浴場、円形闘技場、劇場等の数多くの建築物が造られた。人口の増大に対処するため、ハドリアヌス帝は一二三年、内陸の水源地ザグーアンからカルタゴまで全長一三二キロメートル、橋梁延長一七キロメートルのローマ水道を建設した。送水量等は一日当り約二・三万立方メートルである。

図14　カルタゴ水道位置図

写真16　カルタゴ水道

ハドリアヌス帝は、帝国最盛期の五賢帝の一人で、英国のイングランド北部に延長一一八キロメートルに及ぶ長城建設、パンテオン再建や、素晴らしい庭園を持つローマ郊外の別荘、ビラ・アドリアーナ等を建設し、「建設皇帝」との異名を取った。それとともに、帝国各地を六年間にわたって巡幸し、直接、インフラ整備から地方行政、軍備等について指導をした。前帝トラヤヌスまでの拡張主義を改め、帝国の縮小均衡に力を注いだ合理主義者でもあった。

・ケルン水道

ケルン水道は、ヨーロッパ大陸で、古代ローマ最長の水道である。紀元前三九年、ゲルマニア総督であったアグリッパの指導で、ドイツ北西部の都市ケルンの地域に親ローマのゲルマニア人部族、ウビイイ族が入植した。その入植地、オッピドゥム・ウビオールム(ウビイイ人の町)はローマ軍宿営地となり、属州ゲルマニアにおけるローマの拠点となった。五〇年、皇帝クラウディウスの妻アグリッピナ(小アグリッピナ。アグリッパの孫娘。皇帝ネロの母親)は、自分の出生地オッピドゥム・ウビオールムをローマ殖民地に格上げするよう要望し、コローニア・クラウディア・アラ・アグリッピネンシス(またはコローニア・アグリッピナ)となった。ローマ帝国のゲルマニア支配の拠点として重要な地位を占め、多くの建造物が造られた。一世紀末には、属州下ゲルマニアの首都となり、人口は四万五〇〇〇人程になって、水需要が高まった。

ケルンには、以前からヴォルゲビルジ水道があったが、水量と水質が十分でなかったため、新しい水道が必要であった。八〇年に延長九五キロメートル、送水量一日当り約二万立方メートルのアイフェル水道が建設された。水源地の他の泉の取水路距離を合計すると一三〇キロメートルとなる。橋梁部分は一・四キロメートルあるが、その他の部分は、異民族の脅威と水の凍結を避

写真17 ケルン水道の地下埋設水路(堆積物を除去した状態と堆積物を除去していない状態)

けるために、地下に一メートル以上埋め込まれている。アイフェル水道は、蛮族侵入の二六〇年まで一八〇年間使用された。これ以降はヴォルゲビルジ水道で賄った。水路はコンクリート製で、地中部は幅七〇〜八〇センチメートル、高さ一・五メートル程度である。外部からの侵入水、水路からの漏水を防ぐために、水路の内外に防水漆喰を施している。この地域は石灰石地帯であるので、取水した水にはカルシウム分が多く含まれ、【写真17】の右のように水路の内面に大きく(約二〇センチメートル)堆積している。堆積物は「アイフル大理石」と呼ばれ、建築材料として珍重されている。

ちなみにフランス語で「ケルンの香水」を意味するコロン(オーデコロン、eau de Cologne)は、元々ケルンの水を原料としたことから始まり、世界共通語の「コロン」に転訛した。一七〇九年、ケルンでヨハン・マリア・ファリナにより、世界で最初に製造販売された。また、ケルンのビールは「ケルシュ」と呼ばれ、上面発酵酵母を使用しながら下面発酵並みの低温で熟成させるので、フルーティな酸味のある美味いビールである。縦長の二〇〇ミリリットルのグラスで飲む習慣になっているが、小さなグラスなのですぐ飲み干してしまう。居酒屋では、一杯飲んではまた新しい一杯が提供され、いつでも新鮮な状態で味わえる。古代ローマ人に飲ませてあげたいような美味である。一方、ビールで有名なミュンヘンも水

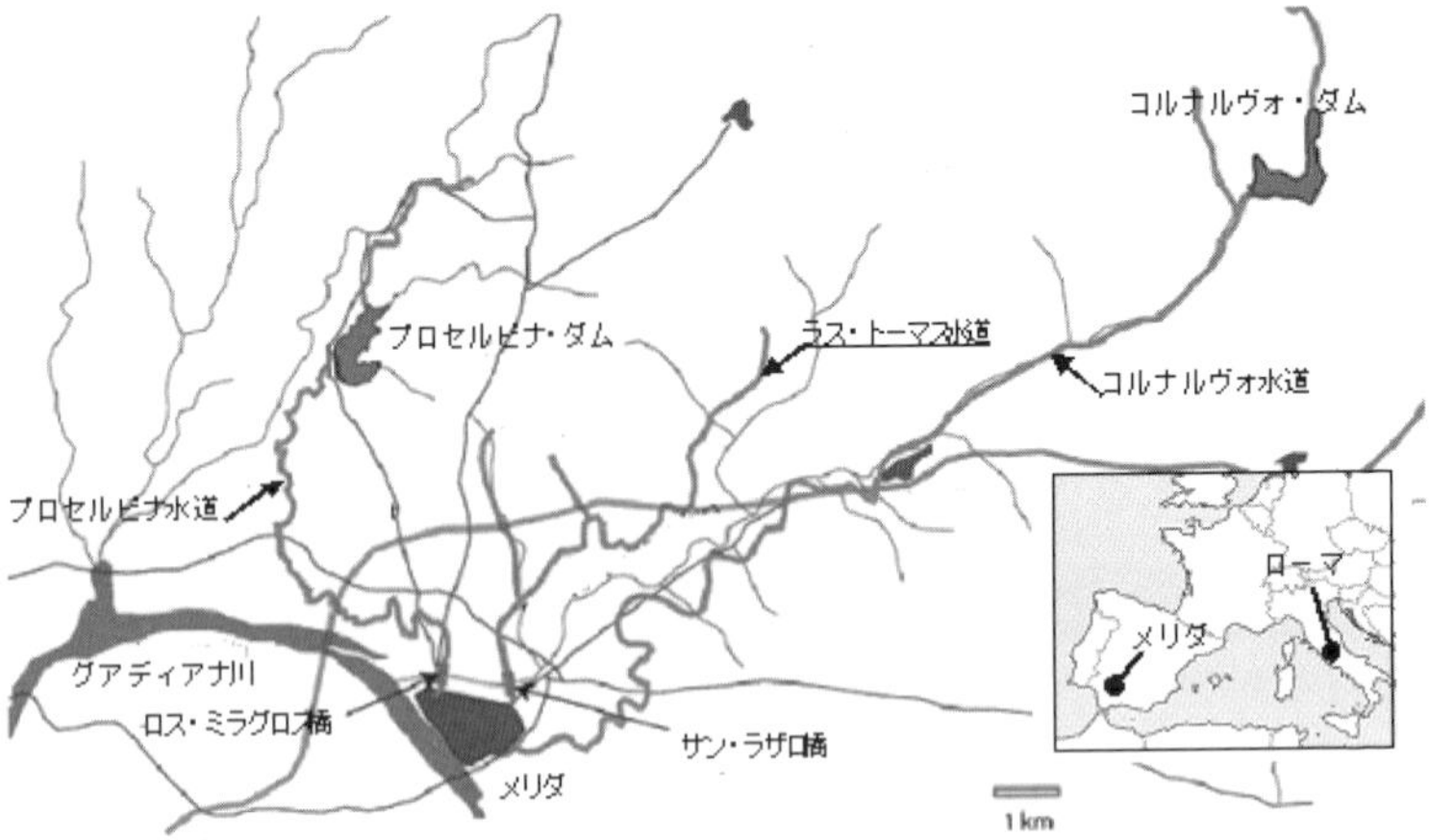

図15　メリダ水道の位置図

の豊かな都市である。この地のビールは、オクトーバ・フェスト（ビール祭り）で見られるように、大ジョッキである。現在は同じ国でも、昔は別の国。飲み方も大分違うのである。

脱線するが、ケルン駅構内のビアホールでは、朝割引で生ビールが一杯一ユーロである。安いからとがぶ飲みすると、後が怖い。ビアホールの前にトイレがあるが、ヨーロッパには有料のトイレが多い。このトイレは、大が一・二ユーロ、小が〇・六ユーロである。膀胱容量の小さい日本人はトイレ代も考慮して飲むべきである。

・スペイン・メリダ水道

メリダ水道の特徴は、ダム湖からの取水である。スペインの西南部にあるメリダは、殖民都市として紀元前二五年、アウグストゥス帝の命により、第五アラダウエ軍団と第十ゲミナ軍団の退役者が入植者となり、「エメリタ・アウグスタ」の名前で建設された【図15参照】。この時代は、スペイン北部カンタブリア地方で銀や金等の鉱物の採掘が盛んであった。そこでローマ人は、これらの鉱物を精錬した金属を輸送するため、全長八五〇キロメートルの、スペインを南北に縦断する道路（「銀の道」と呼ばれた）を建設した。ビスケー湾に面するヒホンから始まるこのルートは、レオン、サラマンカ、メリダ、そしてセビリアに至る。ここで船に乗せられ、海路イタリアまで運ばれた。

　そのような交通の要衝にメリダの街は造られた。メリダは、現在のポルトガルとスペイン中西部に位置する属州ルシタニアの州都となり、ローマ帝国でも重要な都市の一つとなった。このため、一〜二世紀の間にコルナルヴォ、ラス・トーマス、プロセルピナの三水道が建設された。メリダには大河グアディアナ川があり、そこに架かる、紀元前一世紀に建設されたローマ橋が全長約八〇〇メートルであることが示すように、水量は十分であった。しかし、首都ローマと同じようにこの川の水は飲料とせず、付近の渓谷等から水道を引いた。

写真18　コルナルヴォ・ダム

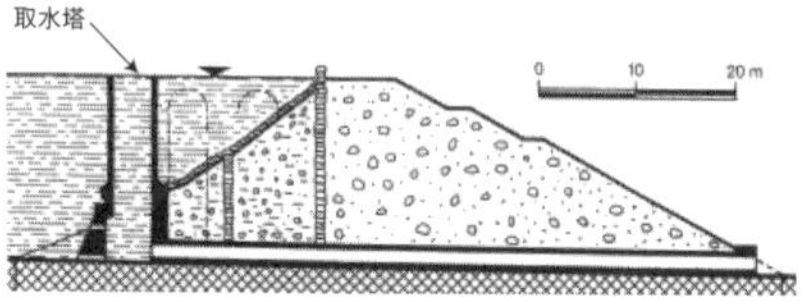

図16　コルナルヴォ・ダム断面図

　最初に建設された延長一七キロメートルのコルナルヴォ水道は、ダム湖から取水している【写真18参照】。ダムは延長一九四メートル、堤高二〇メートル、堤頂幅八メートルの土堰堤で、表面は石積みで保護している【図16参照】。ローマ時代初期の建設と、後世の追加の範囲はよくわからない。ダム湖内に、堤体から一〇メートル離れて取水塔がある。水道の大部分はトンネルである。

　二番目のラス・トーマス水道の延長は不明で、いくつかの渓谷から取水している。アルバレガス川を延長一・六キロメートルの水道橋で渡って市内に通じ

写真19　プロセルピナ・ダム

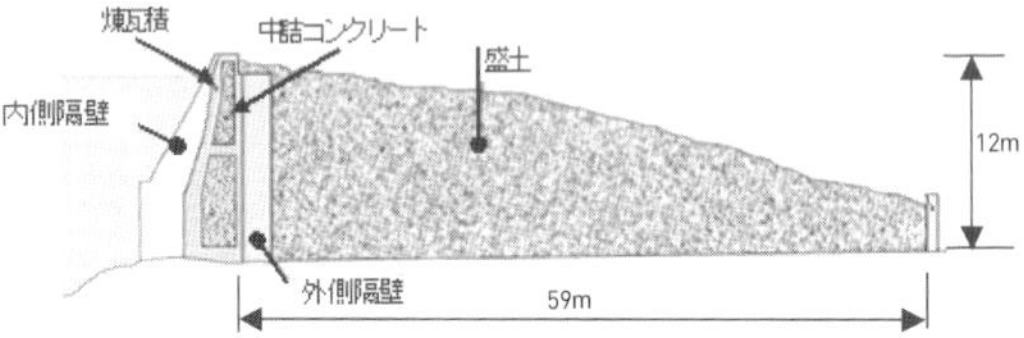

図17　プロセルピナ・ダム断面図

ている。

　三番目のプロセルピナ水道は、トラヤヌス帝の時代に建設された。延長一二キロメートルで、ダム湖から取水しているとともに、四二七メートルの水道橋がある。ダムは延長四二七メートル、堤高一二メートル、堤頂幅二～三メートルのコンクリート製で、背面が土堰堤である【写真19、図17参照】。ダム湖側には、六メートル厚さの補強用の控え壁（バットレス）が設けられている。バットレスはコンクリート製で、表面は花崗岩のブロックで保護している。ダム湖側に九つのバットレス、土堰堤側に一六のバットレスがある。ダム湖側のバットレスは、ダム水位が下がった時にダム堤体の移動に抵抗する。土堰堤側のバットレスは、満水時のダム堤体の移動に抵抗するものである。取水塔はバットレスの中に二つあり、各々直径二二センチメートルの取水用鉛管が二本高さを違えて設置されている。ダムで取水した水はトンネルを通り、アルバレガス川を高さ三〇メートルのロス・ミラグロス水道橋で渡って市内に通じている。

　三本の水道ともに送水量は不明である。

古代ローマ水道の取水設備と水質管理

ローマ人には湧水や深層水の水源信仰がある。その水源の見つけ方や取水設備、そして水質管理はどのようであったのか、興味深いことである。

ウィトルーウィウスの「建築書」の第8書に、「地中にある水源の見つけ方。地質と水質・水量の関係。川の源頭位置と風向の関係。温泉の原理と効用。水質検査方法。井戸の掘り方と掘削中の有毒気体の見付け方等」の記述がある。古代ローマは、首都ローマのみならず、広大な領土内の数多くの殖民都市等に安全な水の供給が不可欠であった。そのためには、安全な水の見つけ方や水道の建設方法等の技術者のノウハウを、口伝でなく書物により伝える必要があった。すなわちマニュアル化である。その一つが、ウィトルーウィウスの「建築書」である。

・取水設備

ローマ水道の取水の方法には、①河川・湖沼の表層からの取水（旧アニオ水道・当初の新アニオ水道）、②ダム湖からの深層取水（新アニオ水道のスビアコのダム・メリダのコルナルヴォ水道とプロセルピナ水道のダム）、③泉等の地中よりの取水（アッピア水道ほか多数）、がある。河川・湖沼の表層水の取水は大水等で汚染されることがあるので、極力避けるようにしている。

ここで素晴らしいのは、ダム湖の深層取水である。現在では取水塔を造り、底部近くから深層の水を取水することは常識である。表層水よりも深層水のほうが、澄んでいて水質が良い。古代ローマ人がどのようにこのことを知り、手間のかかる深層取水を採用したのかは興味深いことである。おそらく、アグリッパが率いていた技術集団が判断したのであろう。

・泉の見つけ方

泉の見つけ方や水質検査について、ウィトルーウィウスの「建築書」に記述がある。こんなことまで検討していたのかと驚く。文章は冗長だが、興味深いので紹介する。

まず泉の見つけ方である。「建築書」第8書に、「太陽が昇ってしまう前に、水を求めようとする場所に。……その時どこかにゆらゆらと空中に立昇る湿気が現れると、そこが掘られる。なぜなら、乾いた土地ではこの兆候はありえないから。……土地の種類による兆候は、例えば細かい藺草《いぐさ》・野生の柳・榛《はん》の木・人参木・葦・常春藤その他類似のもので、水分なしには自生しない植物に現れる。これらは、周囲の野よりも凹んでいて、この野から冬季大雨がもたらす湿を受け、それを包容力があるので比較的長く溜めるような、そんな凹地にふつう生えている。……しかも沼沢地でないところに、水は求められるべきである。もしどこかに水を発見しうる兆候があるならば、次のように試験が行われるべきであろう……幅どちらの方向にも約九〇センチメートル以上、深さ約一・五メートルの場所を掘り、太陽の沈む頃その中に青銅か鉛の盃あるいは鉢を置く。これらのうち手に入るもの、それを内面に油を塗って逆さに置き、穴の上を葦または枝葉で覆い、その上に土を載せる。そして次の日に開いてもし容器の中に露や汗があるならば、この場所は水を持っているであろう。……これらの井戸は特に山地の北の方角に求められるべきである。そのわけは、こんなところに比較的うまい衛生的な豊富な井戸が見出されるからである。実に、ここは太陽の軌道に背を向け、またここでは、第一に樹木が密生して森をなし、山そのものは樹木の陰に遮られて太陽の光線が直接に到達せず、湿は蒸発しつくすことができないのである」と、泉の発見の方法を記述している。

次に泉と地質の関係である。第8書に、「また、水を探す人にはその場所がどんな種類に属するかが知られていなければならぬ。実に泉の湧く場所は定まっているのである。粘土質のところでは水量は細く、痩せ、深くない。それは味においても最良でない。締りのない砂利質のところでは、同じく(水量は)細いが、比較的深いところに見出される。この水は泥気があってまずい。黒土質の土地では汗またはわずかの雫が見出される。これは冬の雨が集まって密実な硬いところに溜まったものである。これは最良の味を持っている。大粒砂利質のところでは貧弱な不確実な水脈しか得られない。これもまた味の良さでは優れている。素粒砂質やカルブンクルス質(火山灰凝灰岩)のところでは水量は比較的確実で安定していて、また味も良い。赤石質のところでは、脈の間を通って流れ去り消え失せることさえなければ、豊富で良質である。山の裾とか硬石質のところではもっと豊富で溢れていて、この水は冷たくいっそう衛生的である。野の泉では、水は塩気を含んで重く生温く、味も悪い」と記述している。このような記述ができるということは、植生・地形・地質等の事例を数多く収集して分析、判断したのであろう。二〇〇〇年も昔に、このような分析力があったということは驚くべきことである。

さらに水質検査の方法について、第8書に、「泉の試験とその良否の検定は次のように行われるべきである。もし流れになって露出しているならば、導水を始める前にその泉のほとりに住む人々がどんな肢体の状態にあるかが観察され吟味される。……また、新しい泉が掘られてこの水がコリントゥスの壺あるいは他の種類の良質の青銅でつくられた壺の中に注がれても汚点を残さなかったならば、この泉は最良である。またこの水が青銅の壺の中で沸かされてから静かに置かれ流し去られてもこの青銅の壺の底に砂または泥が見出されないならば、この水も同じく良質と認められる」と記述している。このような分析がなされているとは驚くべきことである。アルシェティーナ水道や新アニオ水道は、往々にして水質が悪くなり、飲料水に適さなくなった。そこで水車用や都市清掃用、庭園灌水用に使用された。これは現在の工業用水に相当している。このような衛生を考慮した区分は世界で初めてである。

・ウィトルーウィウスと「建築書」

「建築書」を著したウィトルーウィウスとはどんな人物で、「建築書」はどのような書籍であったのだろうか。彼は、カエサルおよびアウグストゥスの建築工匠とされ、有名建築家ではなく、むしろ教育家的建築家とみなされている。そして、建築書の出版以外知られていない。「建築書」は、紀元前三三年～紀元前二二年に著作されたものといわれている。一四一四年にスイスの修道院で手写本が発見され、一四八六年にローマで複製本が刊行されて以降長い間、建築工匠の聖典となった。ここでの「建築」とは、現在の土木、建築、機械を網羅する非常に広い範囲であり、本来の意味でのシビル・エンジニアリングといえる。「建築書」は全部で10書に分かれ、日本文で三一〇頁の大著である。第1書には建築工匠に要求される知識を記載している。それらは第2書以降に記述している広範な内容であり、ウィトルーウィウスの博識を示すものである。以下に目次を紹介する。

第1書　建築工匠にとって必要な知識、建築の対象等についての一般的考察(三一頁)、第2書　建築術の起源、建築材料とその使用(三四頁)、第3書　真の建造法則および建築則、神殿建築(二三頁)、第4書　柱の形式について、続神殿建築(二三頁)、第5書　他の公共建築物、特に劇場と港湾建設(三四頁)、第6書　上流階級の住宅を例に住宅や農家(二八頁)、第7書　建築物の舗装床・円筒天井・漆喰・顔料・絵画（三〇頁）、第8書　水について、泉、水道、井戸（二八頁）、第9書　時間を測ることおよび種々の時計（日時計、水時計等）について（三二頁）、第10書　機械に関すること（起重機、汲水機やポンプ、水オルガン、弩砲、投石機のような簡単な機械）（四五頁）。

紀元前一世紀から紀元一世紀は、古代ローマのインフラストラクチャー整備が急速に行われた時代である。広大な領土に大規模な施設が数多く建設できたということは、アグリッパが保持していたような技術者集団の存在と、この「建築書」のような教本が広く流布していたものと思われる。これは建設側の見方である。また維持管理については、フロンティヌスの「水道書」のような書籍が作られていた。設計、建設、維持管理がシステマチックに成されていた証であろう。古代ローマのマネジメント力の凄さである。

ローマ水道の建設者と財源

古代ローマの水道は、誰が造り、その財源はどうであったのかを説明する。ローマ街道は軍事目的が主体であり、そのために全線舗装の仕様を強制し、軍隊が建設した。したがって、財源も軍事予算である。しかし維持管理費用は地方自治体の負担であった。

一方、ローマ水道は基本的に民生用であり、建設は皇帝、執政官や監察官（ケルソン）の指揮のもと、アグリッパが率いたような技術者集団の企画と工事の管理、そして民間の請負集団が入札を経て工事を実施した。工事の請負契約については、ウィトルーウィウスの「建築書」第1書に「契約書の作成に当って家主にも請負人にも先の見通しが配慮されうるようなこと、これらを建築家は知っておくことが必要である。なぜなら、もし契約書がうまく書かれているならば、お互いに損失を被ることなく、煩わしさを免れることができるようになるだろうから」と記載して、契約の大切さを強調している。ただしこれは住居建設の契約書である。

建設財源は、戦勝による財宝、皇帝からの下賜金や貴族からの寄付で賄われていた。給水量の約四割を占める民間用（個人住宅への引き込み）は有料であった。フロンティヌスによれば、九八年頃の一年間の料金収入は二五万セステルティウス程度（水道書118）であり、「博物誌」の著者プリニウスは、「クラウディア水道と新アニオ水道の二本の建設費用は三億五〇〇〇万セステルティウス」であったと記している。したがって民間用の料金収入からのみでは建設費の償還はできず、建設費・維持管理費は皇帝からの下賜金等によった。

最初の水道、アッピア水道は、戸口監察官アッピウスの献策・指導で行われたが、財源の詳細はわからない。二番目の旧アニオ水道は、ピュロス王との戦いで得た戦利品を処分して財源とした。三番目の水道、マルキア水道は、カルタゴとコリントを滅ぼした戦利品で賄われた。これ以降の水道は、皇帝の下賜金等により建設された。

江戸の水道

前記したように、江戸は当時世界最大の人口の都市で、古代のローマ市と同じく一〇〇万人都市であった。徳川幕府も、古代ローマと同じように水の供給を第一に考えた。天正一八年（一五九〇年）、徳川家康が江戸入国の折に最初に手掛けたのが、安全な水の確保である。江戸の町は、海岸沿いの低湿地を埋め立てた土地なので井戸を掘っても良い飲み水が得られず、安全な水の確保に苦労した。まず江戸城下に飲料水を供給するために、目白台下で神田川の水を分けた水路、小石川上水を造らせた。その後に、神田上水、玉川上水を含めた六上水を引き、首都ローマと同じ規模の一〇〇万人都市江戸の水需要を満たした。しかし水道に対する考え方は、古代ローマのそれと大きく異なっている。

すなわち、ローマ水道幹線がトンネルや蓋付きの水道橋が主体であったことに比べ、江戸上水の幹線は開削水路であった。またローマ水道は、水源地の泉に対して信仰的なものがあったが、江戸上水は池や河川からの表層取水であった。一六〇〇年間の時空ではなく、民族性かもしれない。身近な江戸の上水を知り、それに対比してローマ水道を知ることにより、両者の差異をより良く理解できる。

・小石川上水・神田上水

一六〇三年に徳川幕府が開かれ、江戸で大勢の武士が生活をするようになると、小石川上水の水だけでは足りなくなった。このため寛永六年(一六二九年)、小石川上水を拡張し、井の頭池(標高四七メートル)や善福寺池、妙正寺池などを水源とした神田上水が完成した。この上水の開発者は内田六次郎といわれている。関口村(現在の文京区)に築いた目白下大洗堰(標高九メートル)で堰き上げした後、桜木町(現在の音羽)で地中に入り、水戸藩邸(現在の後楽園一帯)の北を通り、神田川を懸樋(かけひ水道橋)で渡り、そこから地下に埋められた石樋・木樋を流れ、神田・日本橋地域に給水する。当時、下町は神田上水、江戸城周辺・山の手は、赤坂溜池の水を上水として使っていた。井の頭の池から目白下大洗堰への開渠の距離は約一五キロメートル、そしてこの頃には、市内給水路を含めて、水路の総延長は六七キロメートルに達する水道網になっていた。神田上水は開発者の内田家が水道請負人(水役)となり、管理を行うとともに水道使用料金や修繕費の徴収を行った。

神田上水の石樋が文京区立本郷給水所公苑内に復元されている【写真20参照】。市内に給水するための石樋の内寸法は、上幅一三五センチメートル、下幅一二〇センチメートル、石垣の高さ一二〇～一五〇センチメートル、これを長さ一八〇センチメートル、幅四〇センチメートル、厚さ三〇センチメートルの蓋石で覆っている【図18参照】。玉川上水の四谷見附付近の石樋もほぼ同じ規模であった。寸法的には、ローマ水道のマルキア水道（幅一・五二メートル×高さ二・五九メートル）に匹敵する大きさである。マルキア水道の送水量は一日当り約一九万立方メートルと想定されているので、神田・玉川上水の二本で約三八万立方メートル程度の送水量があったものと思われる。

目白下大洗堰は長さ、横幅各一四・四メートルで、中央に幅二・四メートル、深さ一・五メートルの溝があり、余水は江戸川に放流した【図19参照】。昭和一二年（一九三七年）、江戸川改修工事によって堰は撤去された。水道橋は、神田川を渡る神田上水の木製の水道用の橋で、東京・JR水道橋駅の由来となっている【写真21参照】。

・玉川上水

江戸は人口が増加の一途を辿り、享保年間（一七一六年～一七三六年）には一〇〇万人を超えた。中小規模の神田、赤坂溜池の二つの上水では増大する水需要に応じられなくなったため、承応元年（一六五二年）、幕府は水量豊かな多摩川の水を江戸に引き入れる計画を立てた。町人の庄右衛門、清右衛門兄弟（後の玉川兄弟）の提出した設計書を検討し、工事請負人を彼らに決定した。さらに総奉行に老中松平伊豆守信綱、水道奉行を伊奈半十郎忠治に命じた。

承応二年（一六五三年）四月に着工し、羽村取水口（標高一二三メートル）から四谷大木戸（標高三四メートル）まで約四三キロメートル、標高差約八九メートルを八カ月で掘りあげた。ちなみにこの勾配は、

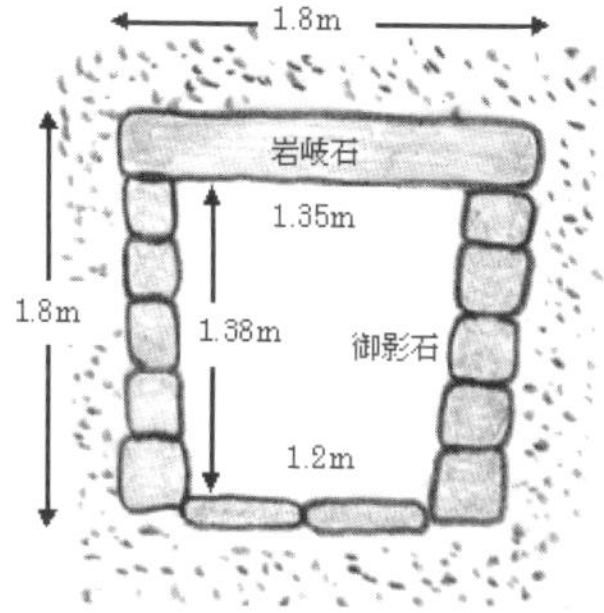

図18 神田上水の石垣樋断面図

写真20 神田上水の復元石樋(文京区立本郷給水所公苑内)

図19 「江戸名所図会」から「目白下大洗堰」

写真21 水道橋模型(東京都水道歴史館)

図20　玉川上水（広重—名所江戸百景）

一〇〇〇メートルで二・〇七メートル下がる一〇〇〇分の二・〇七である。一方、ローマ水道で最も勾配の緩いヴィルゴ水道は、一〇〇〇分の〇・一九の勾配であった。水路の幅は現在より狭く平均三・六メートル程度で、その後一六七〇年に水路の拡幅が行われ、五・四メートルとなった。安藤広重の浮世絵「名所江戸百景」に描かれたように、樹木に根を張らせ、護岸を守るための植樹も行われた【図20参照】。大木戸には水番所が置かれ、水量の調節等（余水は渋谷川に放流）を行った。

大木戸から地下水路となり、石樋、木樋で江戸城をはじめ、四谷・麹町・赤坂の台地や芝・京橋方面に至る市内の南西部一帯に給水した。玉川上水系の水路は、江戸市内での総延長が八五キロメートルに達した。神田上水と合計すると、市内給水路を含めて水路の総延長は一五二キロメートルになり、給水地域は、下町の全域（日本橋を中心として、北は神田、南は京橋・銀座辺りの地域）と山の手の一部（四谷・赤坂）を含み、人口の約六〇％までは水道の水が使えるようになった。

玉川上水は開発者の玉川家が水道請負人（水役）となり、管理を行うとともに水道使用料金や修繕費の徴収を行った。

・亀有（本所）上水・青山上水・三田上水・千川上水

さらに拡大する江戸周辺地域に給水するため、万治・寛文年間（一六五八年〜一六七二年）に亀有（本所）上水・青山上水・三田上水が、元禄九年（一六九六年）には千川上水が開設された。

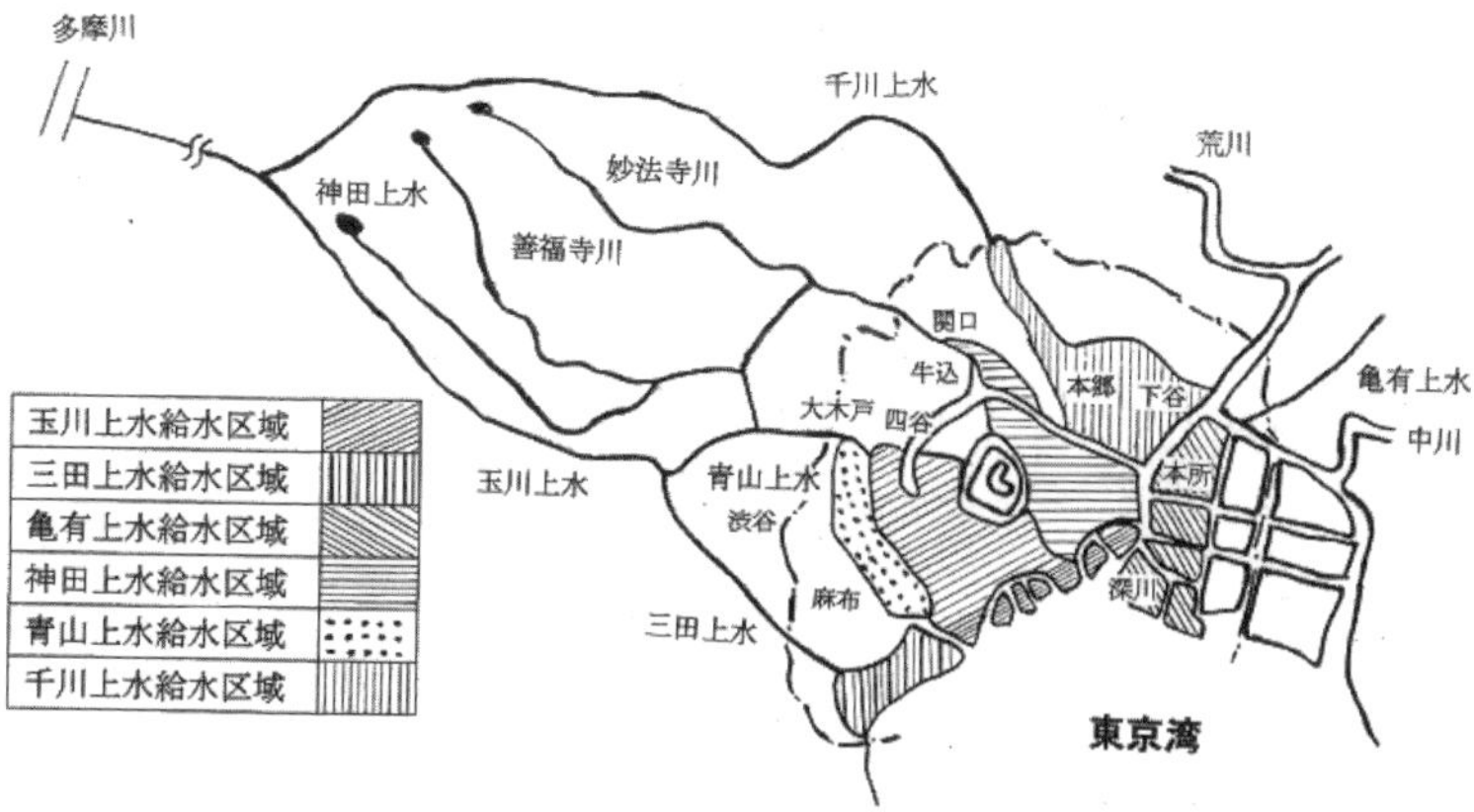

図21　江戸6上水の給水範囲

亀有上水は元荒川を堰き止めて造った溜池、瓦曽根溜井（埼玉県越谷）を水源とし、他の三上水はいずれも玉川上水を分水して水源とした。亀有上水は本所・深川方面、青山上水は麻布・六本木・飯倉方面、三田上水は三田・芝方面、千川上水は本郷・浅草方面にそれぞれ給水した。これらを合わせて六つの上水の分担範囲は、【図21】に示すよう明確に決まっていた。

八代将軍吉宗の時代、享保七年（一七二二年）に、亀有・青山・三田・千川の四上水が突然廃止された。江戸城の外堀以内の全域を焼き尽くし、死者三〜一〇万人といわれた明暦の大火（振袖火事　明暦三年・一六五七年）や、天和二年（一六八二年）の天和の大火（お七火事）、元禄一一年（一六九八年）の勅額火事、元禄一六年（一七〇三年）の元禄の大火等の大火事が頻発し、その大火事の理由の一つとして、四上水が槍玉に上がったという説が伝えられている。これは儒官、室鳩《むろきゅう》巣《そう》の、「江戸の大火は地脈を分断する水道が原因であり、したがって上水は、やむを得ない所を除き廃止すべきである」という提言が採用されたといわれている。随分非科学的な言説である。幕閣に、科学的思考のできるウィトルーウィウスやフロンティヌスの爪の垢でも煎じて飲ませたいほどである。江戸上水とローマ水道の間にいやになるほどの科学的なレベルの差を感じてしまう。ま

図22　水売り

た、上水を廃止しても、掘削技術の向上によって掘井戸から清浄な水が得られるようになったことや、水道維持費の増大等も理由の一つに挙げられているが、正確な原因は不明である。このために水不足になった地域は、水船等による売水を利用するようになった【図22参照】。これでは、この区域の江戸の町民は、大好きな風呂もままならなかったであろうし、風呂屋も井戸からの水汲みは大変であったろう。まったく迷惑な話である。

神田上水は、戦前の一九二八年まで三一一年間使用されたが、千川上水はわずか二六年の使用期間しかなかった。建設にかかった費用と上水供給の利便の関係はどうなるのだろうか、と疑問を感じさせる事業である。

第三章

七つの丘の町と称され、起伏に富んだ首都ローマ全域に、どのように動力もなしで給水できたのか

ローマ水道の市内給水の話

風刺詩人ユウェナリスの言葉、「パンとサーカス」以上に、「安全で十分な量の水」は、ローマ市民に必要不可欠であった。特に、市の城壁まで送られてきた水を過不足なく目的地に供給することに為政者は心を砕いた。この章では、序章で提起した、動力ポンプのない時代にどのようにシステマチックな給水をしたかという第二の疑問に答える。

執政官や皇帝の多くは軍事に長けていた。実質的に初代水道長官を務めたアグリッパや、一七代目長官のフロンティヌスも、軍団の司令官や執政官を経験している。執政官職は、共和政ローマでは最高権威者、帝政ローマでは皇帝に次ぐ権威者であった。そのような高位の経験者が水道長官を務めた。いかに古代ローマでは水の供給を重要視していたかがわかる。

戦争において、敵に弱点を見せることは敗戦につながる。また敵に弱点を衝かれた時に、いかに早くリカバリーできるかが戦術の要諦である。弱点を作らない、弱点を迅速にリカバリーする

システムと、規格化・マニュアル化は、古代ローマ軍最大の強みであった。それと同じやり方を水の供給に適用したのである。たとえ綿密な給水網を造っても、長い間には事故や損傷がある。まして首都ローマのように複雑な地形では、その可能性は大である。そのような場合でも、「安全で十分な量の水」の供給を行い、ローマ市民に満足を与え、人々に不平不満を抱かせない水道システムを構築した。それも数百年にわたってである。武力ではなく、より良い生活レベルを保証することにより、人々に安心と安全を与えたのだ。

ローマ水道の市内給水システムに対して、江戸上水はどのような給水を行っていたかを紹介する。ローマと江戸の市内給水を比較することにより、ローマ水道の市内給水の素晴らしさがよく理解できる。

ローマ水道の市内給水

ローマ水道は、水源地(泉、湖、ダム湖等)から、トンネルや水道橋で構成される水道幹線を通り、ローマの城壁近傍に設けられた沈殿槽(浄水槽)に入り、水中に含まれる不純物を除去した。沈殿槽で浄化された水は、城壁を経由して、水道の欠陥の発見や修理、大量貯水のために設けた貯水槽に入り、さらに共同水槽(給水槽)を経由して、端末給水管に送られた。

現代の浄水・送水設備と比較すると、沈殿槽(浄水槽)は浄水場の沈殿池・急速ろ過池に、貯水槽・共同水槽(給水槽)は配水池に相当する【図23参照】。現代は各所にポンプ圧送をするが、ローマ時代は重力による自然流下しか手段がなかった。このため、各設備の高低の関係が非常に重要であった。

本節では、高低差の大きい市内各所に、どのように配水したかという市内給水システム、水を浄化するための沈殿槽や、分岐給水のための分水施設、蛇口からの流し放しを可能とした市内給水管の材料や規格、構造物や水質・水量の維持管理方法、水道料金、違反に対する罰則、そしてこれらを可能とした管理体制について紹介する。

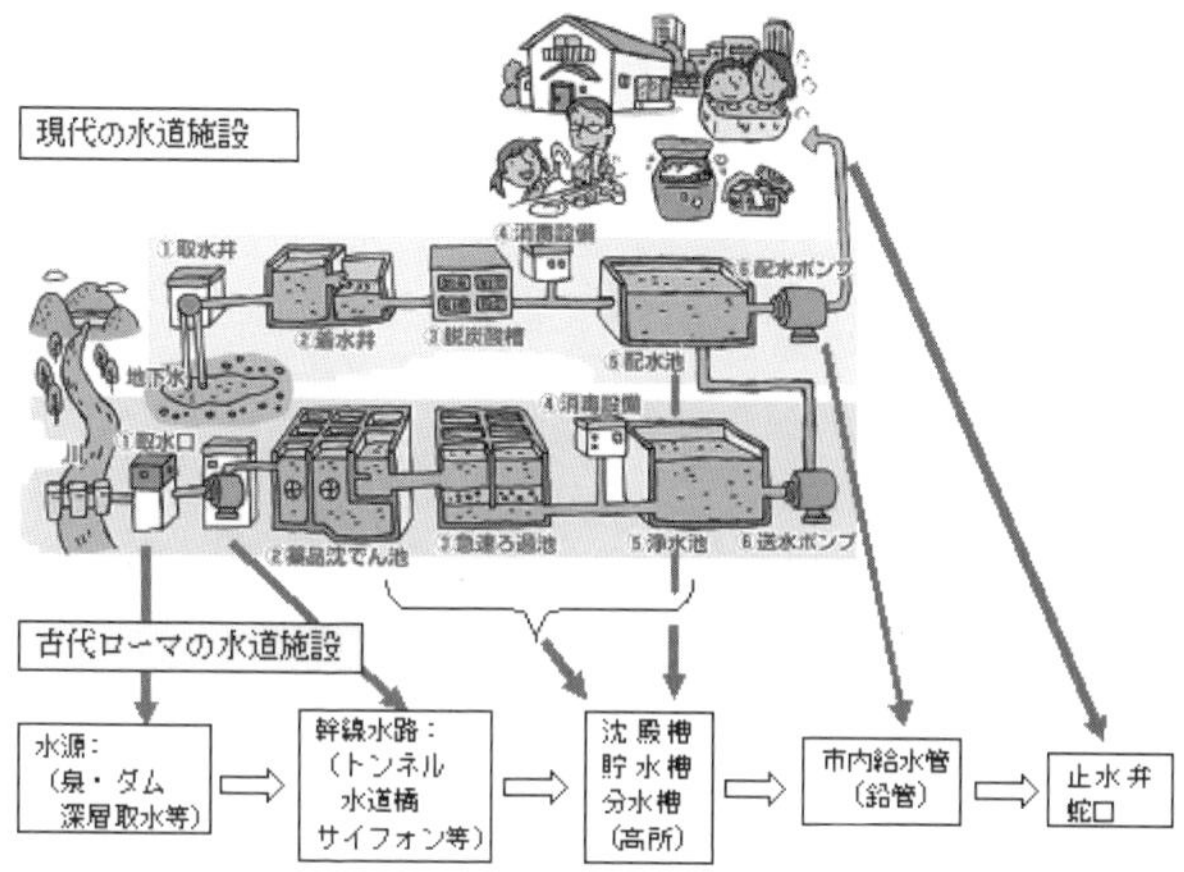

図23 現代の水道施設とローマ水道の水道施設

・市内給水システム

首都ローマの市内給水の方法は、現代の方法に似ており非常にシステマチックであった。その記録が、ウィトルーウィウスの「建築書」や、フロンティヌスの「水道書」に残っている。これらの記録は、紀元前一世紀後半および一世紀末に出版されたといわれている。それ以降の記録は、碑文等に断片的にしか存在していない。したがって、一世紀末以降の時代の状況は不明な点が多い。以下に、市内各所へどのようにシステマチックな給水を行ったかを示す。ただし、「水道書」以降の記述がないため、水道幹線は九本についての記述である。

ウィトルーウィウスは「建築書」第8書に、ローマ市内の給水状況を次のように記述している。「城壁まで来た時、貯水塔（給水槽）とそれに接続して水を受入れるための三重の引込み槽（共同水槽）が造られ、貯水塔には等しく配分された三本の管が、水が両端の槽から溢れた時は中央の槽に戻るように接続された水槽の中に、配置される。こうして、中央の槽にはあ

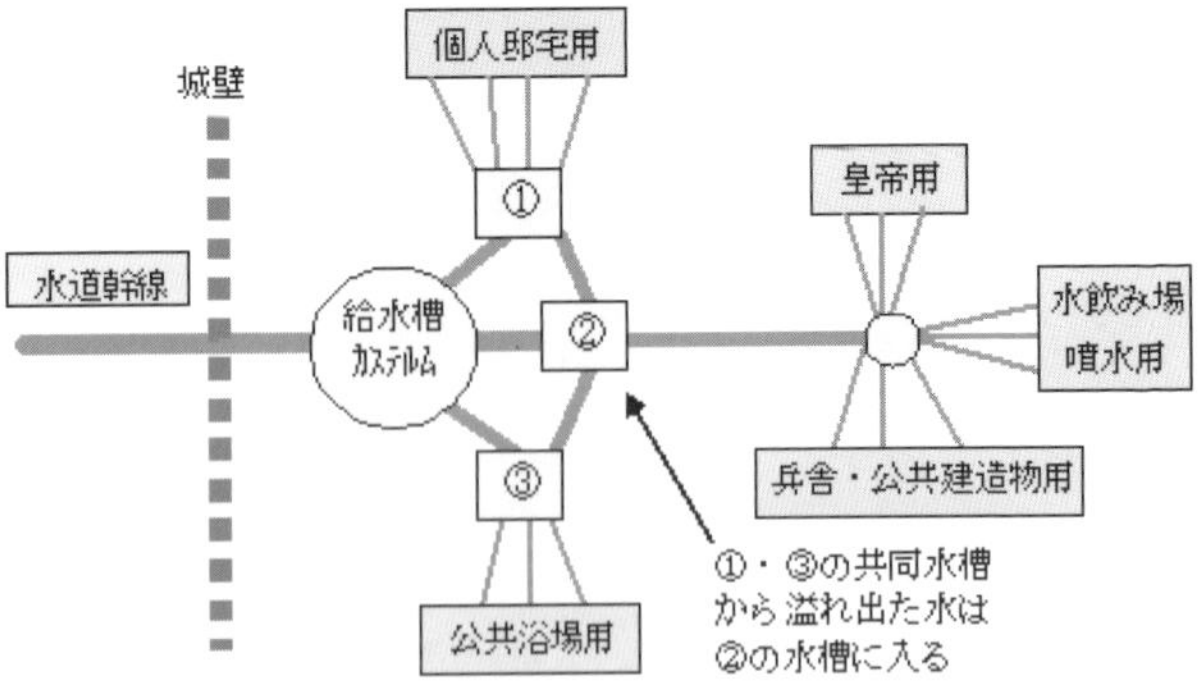

図24　ローマ市内給水状況

らゆる貯水池と噴水へ、他の槽からは市民から税が毎年取れるように浴場へ、第三槽からは公共用に不足を来さないようにして私人の邸宅へ、それぞれ管が敷設される。……また各戸に水を引いている人が収税吏を通じて使用料を納めることによって水道が維持されるためにでもある」。その状態は**【図24】**に示すとおり、皇帝用、個人邸宅用、公共用の三つに分けられた。

首都ローマの給水は非常に複雑である。管理する上では当たり前のことであるが、フロンティヌスは水道施設の数と各施設への給水量を調査して記録を残した。その結果から、①皇帝用（皇帝が建設した建造物用コロッセオ・公共浴場等）に二四%、②個人用（一般家庭用・複数個人の共同業務用等）に四四%、③公共用（兵営用・公共建造物用・装飾噴水用・水汲み用等）に三二%が給水されていた。

この計測は、古代ローマ人が水道管やノズルを規格化したことにより可能となったものである。これについては、本章の「市内給水管の材料・鉛管の選択と給水管の規格」と「流量（取水・給水量）の把握」の項で述べる。このうち、料金徴収を行ったのは個人用だけである。ちなみに個人用は大略一人一日当り四四〇リットルで、現代の東京都民の使用量より多い。同じような調査記録は江戸上水には見当たらない。

ローマ市内の給水は、**【図25】**に示すように市内を一四区画に分け、各水道から配水した。トンネル、水道橋、サイフォン、地下配管と、様々な種類の構造物が使用された。ローマ市内は、起伏の多い地形と相まって、異種の構造物同士の接合部分で破損が多く発生した。これによって古代ローマ人は、損傷等により引き起こされる断水に対処するため、素晴らしいシステムを作っていた。

表2に示すように、ヴィルゴ、アルシェティーナ水道を除いて、アッピア水道から新アニオ水道へと、水道の建設完成年が新しくなるほど市内到達場所の標高は順次高くなり、市内全域に給水できるようにしている。市内到達場所の標高が高い、送水量が多い水道(旧アニオ、マルキア、クラウディア、新アニオ)は受け持ち範囲が多い。当然のことであるが、給水のための貯水槽の数も多い。そして、市内各区域に三本(11・13区域)~六本(5~8・14区域)の水道から供給され、一本の水道の給水が補修等でストップしても、その給水区域に断水が起きないように配慮している。

図25　ローマ市内給水区域

これは、現在の給水システムと遜色がない。ただしシステムの運営維持管理が大変難しい。なぜかというと、アルシェティーナと新アニオ水道を除いた九本の水道で、貯水や分水の施設が二四七カ所もある。このシステムを運営維持管理するには、市内水道の配水状況の把握(情報管理)と、配水状況に応じた分水装置の運転という膨大な仕事がある。無線の通信情報機器も、効率的な給水機械もない古代ローマ時代に、である。それを古代ローマ人は人力で行った。具体的にどう実行したかの記録はないが、素晴らしいマネジメントの力があったのに違いない。

このように、市内給水網をシステマチックに整備したということは古代

表2　ローマ水道の給水状況

	水道名	市内到達場所標高	給水地区番号	台帳給水量	ローマ市外給水量			貯水塔(槽)設置	ローマ市内給水量				兵営		公共建造物		装飾噴水		水汲み場	
					計	皇帝用	個人用		計	皇帝用	個人用	公共用								
		m		クイナリア				数	クイナリア				数	クイナリア	数	クイナリア	数	クイナリア	数	クイナリア
1	アッピア	9	2,8,9,11-14	704	5		5	20	699	151	194	354	1	4	14	123	1	2	92	226
2	旧アニオ	26	1,3-9,12,14	1,610		169	404	35	1,509	67	490	503	1	50	19	196	9	88	94	218
3	マルキア	38	1,3-10,14	1,935		262		51	1,472	116	543	?	4	43	15	61	12	104	113	256
4	テプラ	39	4,5,6,7	445		58	56	14	331	42	237	50	1	12	3	7			13	32
5	ユリア	41	2,3,5,6,8,10,12	803		85	121	17	548	18	?	383	6?	69	10?	181	3	67	28	65
6	ヴィルゴ	11	7,9,14	2,504	200			18	2,304	509	338	1,167			16	1,380	2	26	25	51
7	アルシェティーナ	?	14	392	392	354	138		0											
8	クラウディア	48	14区域全体	1,588		246	439	92	3,498	819	1,067	1,012	9	149	18	374	12	107	226	481
9	新アニオ	48	14区域全体	4,037		728														
			計	14,018	4,063	1,718	2,345	247基	9,955	1,708	3,847	4,401	22?基	279	95?基	2,301	39基	386	591基	1,335
				100%		12.2%	16.7%			12.2%	27.4%	31.4%								

注）『古代のローマの水道―フロンティヌスの「水道書」とその世界―』より作成。1クイナリア＝1日当り40㎥。標高はテヴェレ川船着場高さを基準としている。したがって前掲の表1とは異なる。

ローマ人の英知である。これが、動力ポンプのない時代に、七つの丘で形成される市内各所、それも標高差が五〇メートル近くもある箇所に、どのようにシステマチックに配水したかという第二の疑問への答えである。

一方、江戸上水では給水範囲は相互補完がされておらず、上流側でトラブルが起きると、その上水の下流側の給水範囲は断水が起こったものと想像される。

・水道の不純物除去と分岐給水

水道幹線を流れてきた水には、たとえトンネルや蓋により外部から遮断していても、水源や流路の影響で土砂等の不純物が混ざっていることもある。この不純物を、ローマ市内に入る前に除去しなければならない。すなわち沈殿槽の使用である。また、市内各所に給水するための分岐給水施設、修理等非常時のための貯水施設が必要である。アッピア、ヴィルゴ水道は水質が良かったため、沈殿槽はなかった。またアルシェティーナ水道は工業用や散水に使用したため、沈殿槽や貯水槽はなかった。

まず、古代ローマ時代、沈殿槽でどのように流水中の不純物を除去したのだろうか。現在のように、浄水場で採用されている薬品により不純物質を凝集させ、粒径を大きくして沈殿を促すという方法はまだ発明されているはずもない。流水中の不純物質は、粒径や比重が大きければ、若干流速が速くても沈降する。そこで、流水を滞留させたり、流速を遅くしたりすることにより不純物質の沈降を促進し、沈殿させ、沈殿物を定期的に除去する方策を発明していたのである。

【図26】に示すユリア水道の沈殿槽では、水は右側からA・B・C・Dの水槽に順

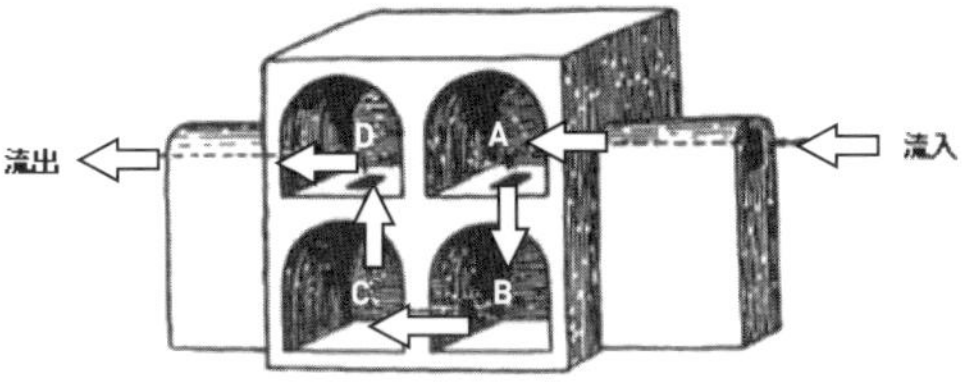

図26　ユリア水道の沈殿槽

次流入して左側に流出する。A槽からB槽に流入する際に水は下降流となり、不純物質の沈降を増速させ、沈殿を促す。非常に合理的な方法である。

【図27】に示すケルン水道の沈殿槽(平面寸法七メートル×七メートル)では、1から流入した水は、面積の広い2で滞留し、不純物を沈殿させ、3から流出する。2に沈殿物が所定量堆積したら8・9のゲートを閉じて、噴流として、狭い5の円形排出路に放出する。噴流により2に堆積した沈殿物を洗い流す仕組みである。楽をして沈殿物の除去をするという巧妙な仕掛けである。ユリア水道の沈殿槽といい、古代ローマ人は、よくぞここまで効率の良い装置を考え出すものである。現在も、この沈殿槽の遺跡はケルン郊外の林の中に残っている。

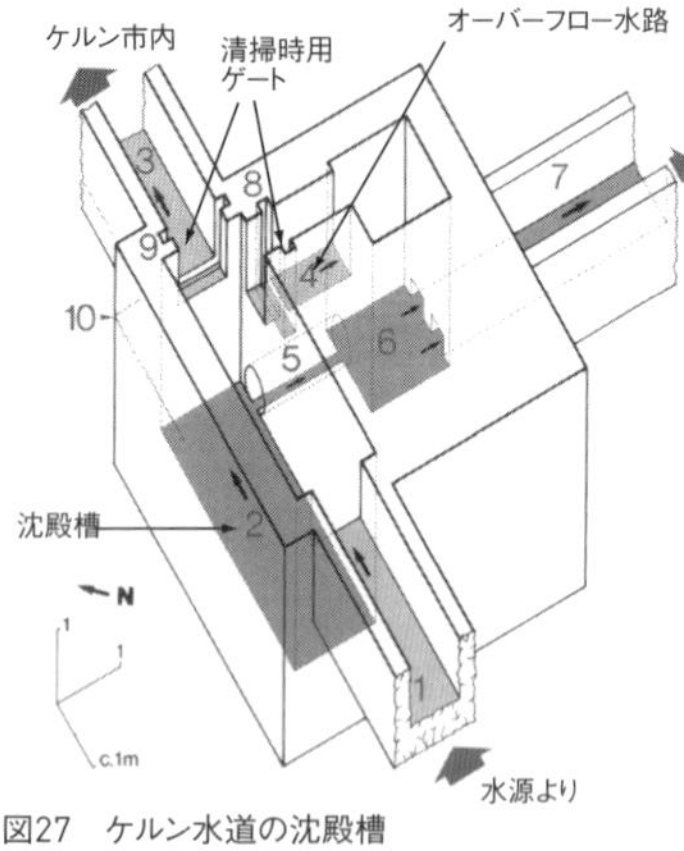

図27　ケルン水道の沈殿槽

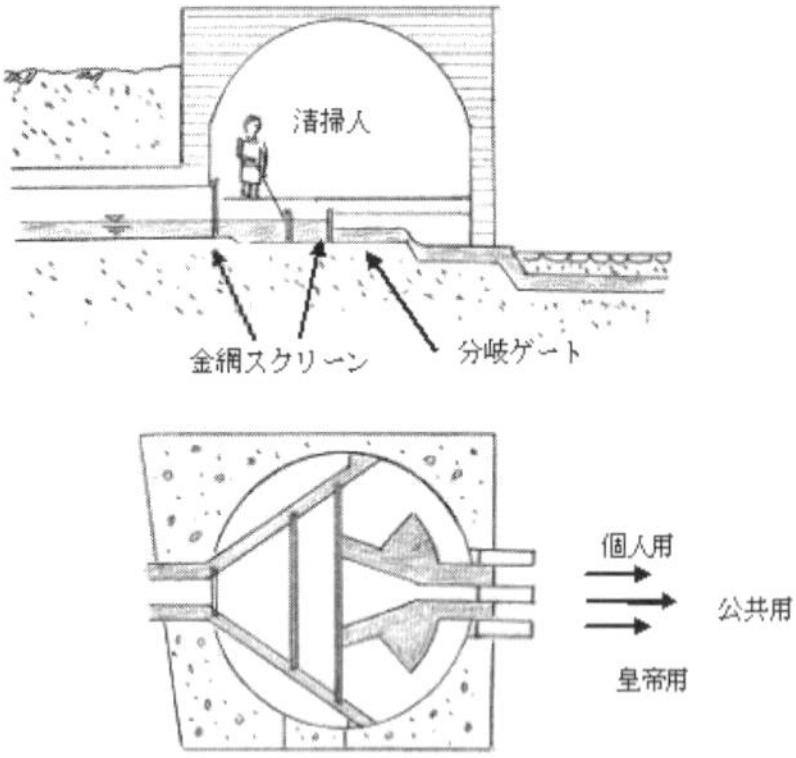

図28　ポンペイの3方向分水施設

写真22　ポンペイの分水施設

沈殿槽を通って不純物を取り除いた水は、次に分水や貯水を行う。現在では分水のための分岐弁があるが、古代ローマ時代では、どのように行ったのであろうか。

この時代に、カステルムと呼ばれる、貯水・分水機能を併設しているもの、あるいはそれぞれ単独の機能の設備があった。ウィトルーウィウスは「建築書」第8書に、貯水槽の意義を次のように記している。「約七キロメートル毎に貯水槽を設けることは無益でない。どこかに欠陥が生じた時に、送水全体あるいは全設備に影響を与えることなく、容易に欠陥のある場所を見つけることができる」。

貯水槽の重要性、連続送水の必要性と方法を理解していたのだ。【図28】に、ウィトルーウィウ

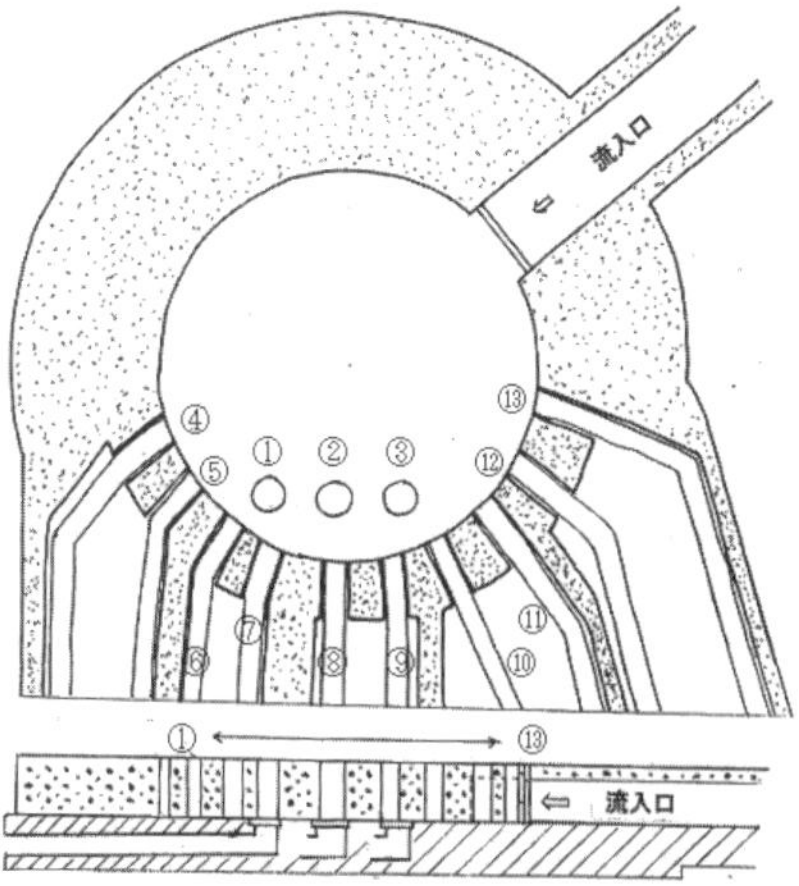

図29　ニームの13方向分水装置

写真23　ニームの貯水・分水装置

スが記述した、三方向の分水が可能なポンペイのポルタ・ヴェスビオ近傍の貯水槽を示す【写真22参照】。個人用、皇帝用、公共用の順で取水高が低くなる。公共用が最後まで取水可能であることがわかる。ニームの貯水・分水装置では、一三方向に分岐することができ、ポンペイ同様、重要度に応じて分水の順番を決めている【写真23、図29参照】。

・市内給水管の材料・鉛管の選択と給水管の規格

水路トンネルや水道橋等の閉鎖水路でローマ市内に入った水道は、貯水槽から管路によってローマ市内各所に分配給水された。給水管路にはどのような材料が使われていたのだろうか。江戸上水では木樋であった。

ウィトルーウィウスは「建築書」第8書に、水道管の材料について、「水道は三種類に造られる。すなわち、築いた溝を通る水流によるもの、鉛管によるもの。……陶管による導水はこんな具合の良い点を持っている。第一に水道の中に何か悪いところができても、誰でもそれを修繕することができる。さらに、陶管からの水は鉛管を通ったものに比べてずっと衛生的である。なぜなら、鉛からは鉛白が生じ、それは人体に有害だといわれているからである。このように、それから生ずるものが有害であるとすれば、そのもの自体もまた衛生的でないことは疑う余地がない」と記述している。

陶管は、帝政期以降は耐久性の問題のため、灌漑用にしか使われなくなった。鉛害については、鉛管内壁に皮膜ができることにより問題はない、との見解になったようである。ウィトルーウィウスの「建築書」は紀元前三三～二二年の出版と想定されている。フロンティヌスの「水道書」が出版された紀元一〇〇年頃と一二〇～一三〇年の差があり、すでに耐久性の優れた鉛管が主流になっている。この鉛管の使用が古代ローマ水道の注目すべきところである。では、鉛管の給水網をどのように造ったのだろうか。

まず、古代ローマにおける鉛管製作は手作業であった。その造り方は、【図30】のように薄い鉛板の上に円柱棒を置き、板を叩いて円筒状に曲げ、接合部に粘土等で鋳型を造り、溶融鉛を流し込んで溶着する。このため、現代のような完全な円形は困難である。その実例がローマ国立博物館展示の水道管に見られるが、少しいびつな洋梨型である【写真24参照】。そして、管と管との接合も溶着である。それゆえ非常に手間がかかるのである。

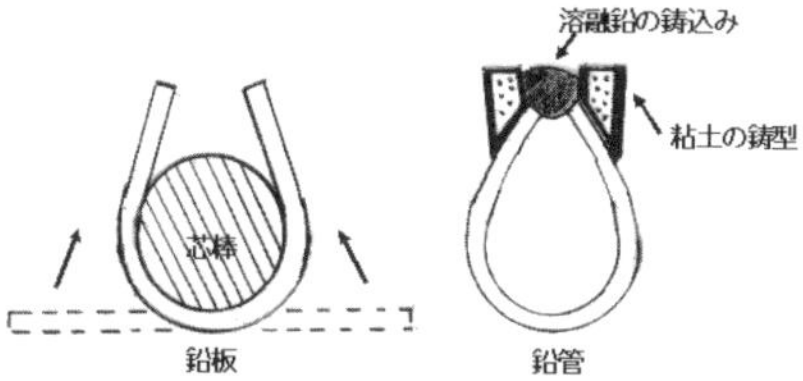

図30　鉛管の製作方法

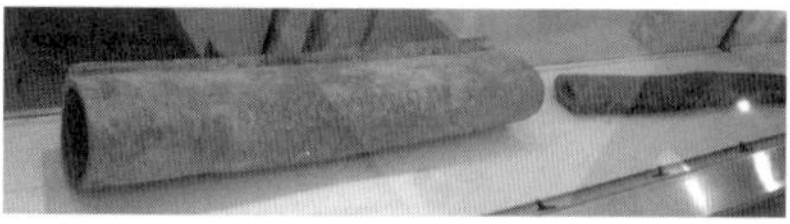

写真24　ローマ国立博物館の鉛管（長外径145mm程度）

さらに古代ローマ時代は、管の運搬・据え付けも人力が主体であったため、長い管を一つの単位とする作業は困難となる。このため管の接合箇所は多くなり、現地での配管作業には大変な労力が必要であった。また、鉛の鉱山はローマ近傍にはなかったため、スペイン、ガリア(フランス)、ブリタニア(英国)等の鉱山で採掘・精錬し、はるばるローマに運んだ。木材で造ればはるかに楽であっただろうに、と思う。鉛管の水道管は、木樋に比べて遥かに耐久的なのは明らかであるが、しかしそれだけの理由で鉛管を使用したのではない。

溶接した鉛管を使用すれば、内部の流水に圧力をかけ、高所に配水できるのである。ポンペイの給水栓のように、給水管を立ち上げ、蛇口を介して貯水槽に給水できたのだ。江戸上水のように井戸から釣瓶で水を汲むことに比べ、作業が大変に楽である。このために古

写真25　ポンペイ水汲み場

写真26　伏越の復元模型（東京都水道歴史館）

代ローマ人は、多大な労力をかけても鉛管を選択したのである。

また、水道を自宅に引けない市民のために、道路際に多数の水汲み場を設置した。ポンペイでは水汲み場は約七〇メートルごとに配備された【写真25参照】。市民用の水汲み場の他に、馬等の動物用の水飲み場もあった。

江戸時代では一部、東京都水道歴史館の展示【写真26参照】にあるように、水路横断等の伏越で水に圧力をかけることは行われていた。しかし、木製の管路では大きな圧力をかけることは困難であり、小さな落差にしか利用できなかった。

ちなみに、鉛管より優れた鋳鉄管の出現は、鋳鉄が大砲に使用された一四世紀以降となる。例えば、一七五四年のロンドン橋水道会社の敷設管路統計では、木管五〇キロメートル、鉛管三・五キロメートル、鋳鉄管一・六キロメートルで、鋳鉄管は使用され始めたばかりである。まだ木管が主流とは、古代ローマに大きく遅れていると言わざるを得ない。何という技術力の差であろうか。前記したようにイギリス産業革命の推進力ともなった、ジェームズ・ワットの蒸気機関の改良は一七六五年であった。ヨーロッパが古代ローマの技術水準に達したのは産業革命以降といわれる由縁である。

　ここで余談であるが、「lead」という言葉の意味について説明する。辞書を引くと二つの意味がある。「先にたっていく」が第一義で、「先にたって導く・人が軍隊等を率いる・水を引く・相手をリードする」等である。第二義に「鉛等」。第一、第二義の解釈でどちらが先に使われたかわからないが、「lead」には、水道管という意味や、物や人を導くという意味がある。そうなると、水道管は本来的に鉛管であったと想定できる。

　貯水槽から水道管への取付けは、直接水道管を取り付けるのではなく、【図31】のように、青銅製のノズルを介して行っていた。この時代、青銅は高価であったが、耐久性を要するところに数多く使用されていた(水道書36)。このノズルに口径ごとの刻印を打ち、水道料徴収の対象としたの

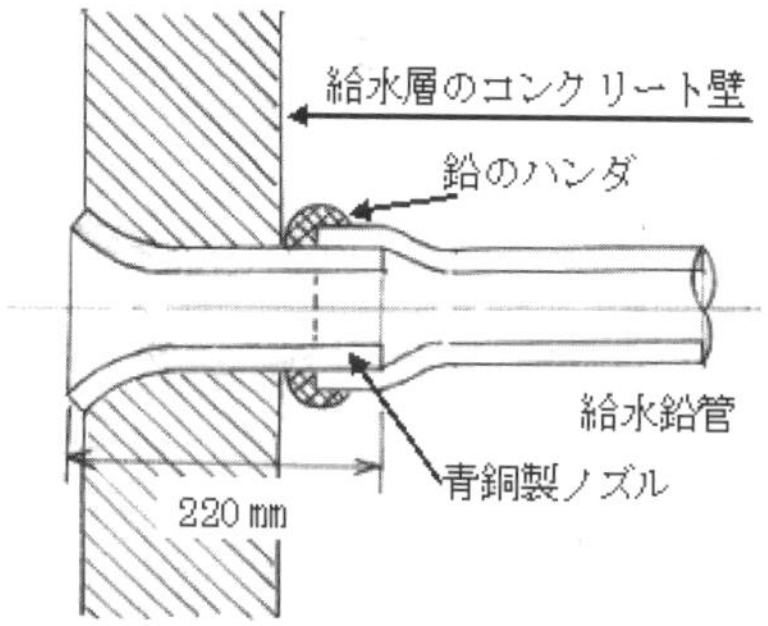

図31　水道管の取付けノズル

写真27　蛇口(大英博物館)

写真28　止水栓(ケルン・ローマ博物館)

である。ノズルから鉛製の水道管を経て給水した。

古代ローマには、水を止めるための蛇口や分岐管はあったのだろうか。それが驚くべきことに、すでに水道本管から蛇口に至る途中で、分岐器具や水量調節弁が使用されていたのである。大英博物館やケルンのローマ博物館に展示されているこれらの器具は、青銅製あるいは鉛製である【写真27、28参照】。古代ローマの給水は流し放しが基本であるが、調整弁で止水も可能であった。これは古代ローマの技術力の高さを示すものである。

古代ローマでは、民間の水道使用料金を使用量で算定していた。水道の使用量を把握するには、流量を把握する必要がある。その際、水道管の寸法がバラバラだと測定は困難である。そのためローマ水道では、ウィトルーウィウスの時代以前から水道管の規格化が計られていた。それをフロンティヌスがさらに厳密化したのである（水道書23～63）。ともかく古代ローマ人の規格化の能力は抜群であった。

フロンティヌスの時代、水道料金の徴収は、貯水槽に取り付けるノズルの寸法で決定した。この時代に流量計はないので、流速は一定と仮定して、流量の把握はノズルの面積で行った。ここで当時の流量単位を説明する。流量単位の一クイナリアは、四分の五ディギトゥスの直径を持った円の面積と定義している。「ディギトゥス」とは長さの単位で、一ディギトゥス＝一・八五センチメートルである。すなわち一クイナリア＝四・一九平方センチメートルとなる。

水道管の規格化は、従来使用している二つの方式を併用し、体系化したのである。二五の規格があったが、実際に使用したのは一五の規格である。二つの方式とは、①内径の倍数を基準としたもの　小口径用で、内径二三～九三ミリまで八規格、②内空断面積の倍数を基準としたもの中・大口径用で内径九三〜一二二八ミリまで一八規格。このうち内径九三ミリは重複している。

・構造物の維持管理

ローマ水道は、市外の水道幹線が延長五〇〇キロメートルを超え、トンネル、水道橋等多くの構造物があり、市内には地下配管や貯水槽、給水槽などが相互補完して、一四の区域をもれなく給水できるようにしている。多種多様の構造物が複雑に配水網を構成し、その管理に大変な労力を要した。特にフロンティヌスは、実質的初代長官のアグリッパの死後、彼のローマ水道の計画再興と再整備を行ったといわれている。

水道管理者として最も大事なことは、現状の把握である。計画(PLAN)に対する現状把握(CHECK)、それを基にした改善(ACTION)の実施が必要不可欠といえる。これはいわゆるマネジメントの基本であり、それをフロンティヌスは実行した。なぜ実行できたかというと、彼は測量技術に精通していたからである。すなわち、測量技術によって現状把握(CHECK)をしたのである。

フロンティヌスは、測量術について二編の著作があるといわれており、当代一の測量技術者でもあった。水道管理になぜ測量技術が必要であるかといえば、「測量」とは字が示すとおり、距離や位置や大きさ等の量を測る技術である。したがって、①すべての構造物の位置・形状・大きさを把握できる、②不良箇所の位置と不良の程度、不良の頻度を把握できる。このことから不良の傾向、原因が究明でき、対応策を立てることが可能となる、③水道の取水量・送水量・使用量を把握することにより、漏水・盗水量等がわかり給水計画の見直しが可能となる。これらの計測をフロンティヌスは実行した。さらに彼には著述の才能があり、水道長官として短期間の任期にもかかわらず、「水道書」を書き残したのである。以下に「水道書」を基にローマ水道の構造物の維持管理の事例を紹介する。

ローマ水道は市外では、主にトンネル、水道橋で構成された。水道書119・121では、「広範な地域に分布する無数の工作物には、絶えず崩壊が進行している」と述べた。さらに、「一般的にいって、経年変化や暴風雨の影響を受けることが最も多いのは、導水管がアーチの上や、丘の中腹にある箇所であり、また、水道アーチの中では川を横断する箇所が一番多い。したがって、これらの場所の破損に対して、すばやく処理できるように準備していなければならない。導水管の地下にある部分は、暑さ寒さのいずれの影響も受けないので、損壊を受けることは少ない」と記載している。なぜフロンティヌスの記したように地下部分で損傷が少なく、アーチ部分で多いのであろうか。

地下は温度変化が小さく、地下水路には温度変化による損傷は少なかった。一方、水道橋は夏は高温、冬は低温にさらされ、内部を流れる水は一定温度である。このため非常に大きな温度差が発生し、コンクリート構造物や防水モルタルにたびたび損傷をもたらした。特に、首都ローマ全域への給水を目指し、高い標高を保つための水道橋群の管理は大変であった。その理由は、水道橋が長大構造物であったからである。コンクリートの構造物は、温度一度の上下で一〇万分の一伸び縮みする。水道橋の長さが一キロメートルあり、三〇度の温度差があれば、三〇センチメートルの伸縮が発生する。この伸縮量を吸収するため、現在では伸縮継手があるが、古代ローマの時代にはまだあるはずもなく、コンクリートや防水モルタルにひび割れが発生し、水漏れの原因になった。クラウディア水道の水道橋は延長が一四キロメートルもある。最上階の水道管路部分は温度で伸縮するが、大地に固定されている基礎部分は不動である。したがって、冬季に水道管路が縮もうとしても縮むことができないので、ひび割れが入ってしまうのである。フロンティヌスは壮大な水道橋を自慢しているが、中々うまくいかないものである。

・管理体制

いままではハード面の管理について述べたので、ここではソフトの面での管理体制として、水道長官と水道管理局について説明する。

ローマ水道の管理は、共和政時代、戸口監察官（戸口調査と風紀監督・公共請負契約をする権威ある職で執政官経験者から選ばれた）と造営官（平民のトップである護民官の補佐で広範囲の仕事を担当）に任されていた。帝政時代になり、アウグストゥス帝は、彼の片腕ともいうべきマルクス・アグリッパに権限を集中させた。

アグリッパはまず、個人に給水の認可を与え、各所への給水量の割当量を決めた。次に給水の標準ノズルを決定し、既存のアッピア、旧アニオ、マルキア、テプラ水道の修理と、ユリア、ヴィルゴ水道の新設を行ったのである。そして浴場、貯水塔、噴水、水汲み場等の増設をするなどして、水道の発展に努めた。また彼は、水道の維持管理部隊となる二四〇名の私的な奴隷の技術者集団を持ち、保守管理に努めた。この集団は、ローマが征服した国々の有能な技術者を集めたもので、アグリッパの死後、アウグストゥス帝に寄贈された。皇帝は、奴隷集団のメンバーを二階級特進させ騎士とすることにより、アグリッパの功績に応えた。彼はまさしくローマ水道の中興の人物といえる（水道書9・25・95・98）。

紀元前一二年にアグリッパが亡くなると、紀元前一一年、元老院は、執政官格の水道長官と二名の技術顧問が率いる水道管理局を創設した。フロンティヌスは一七代目の水道長官である。クラウディウス帝の時には業務が拡大し、保守管理集団四六〇名が追加された。これらの技術者集団は職種により分類され、市内・市外に配備された。技術者集団の二四〇名は国家所属、保守管理集団の四六〇名は皇帝所属で、その費用の負担先は、前者は国家、すなわち水道使用料＋国庫から、後者は皇帝の内幣金によった（水道書99・116〜118）。

組織や費用の明確化は古代ローマの特徴である。共和政ローマでは、執政官格の人物が水道長官になった。執政官は、現代のEUにも匹敵する広大な領土を有する古代ローマの最高権威の職であり、毎年二名が選ばれた。このシステムは、一名による独裁を恐れたことと、戦時下に司令長官として出征する執政官の欠員を防ぐためでもあった。カエサルが殺害されたのは、紀元前四四年、終身独裁官に就き、独裁者とみなされたためである。帝政ローマでは、執政官のうち一名が皇帝であることが多かった。そして、アグリッパやフロンティヌスのように複数回執政官を務める者もいた。このように、古代ローマではトップが直接水道を管理していたため、隅々まで行き届いた管理を行うことができたのである。

・水道料金と盗水等に対する罰則

「水道書」118によれば、料金徴収した個人用の給水使用料は、年間二五万セステルティウスであった。一セステルティウスが現在の価格でいくらに相当するかというと、小麦の値段の対比からでは四二〇円程度になる。年間二五万セステルティウスは、約一億円にしかならない。一クイナリア＝一日当り約四〇立方メートルで、個人使用量が**表2**に示すように六一九二クイナリアとすると、年間の使用水量は、六一九二×四〇×三六五＝九〇四〇万立方メートルである。したがって一立方メートル当りの水の使用料は一・一円であり、東京二三区の水道使用料一〇〇〜一八〇円程度に比べ格段に安いものといえる。古代ローマの水道料金の徴収は、水道を個人宅に引いている富裕層に対して課せられているので、水汲み場を使用している人々への負担はなかった。

個人邸宅用への給水は、皇帝や地方自治体の長への申請を経て許可された。許可は申請人一代に限り、申請人が死亡した場合は再申請の必要があり、個人邸宅へのむやみな給水にブレーキをかけていた。また盗水については非常に厳しい罰金があり、最高一〇万セステルティウスであり、この額は軍団兵の八四年分の給料に相当した。このほかに罰則として、水汲み場や噴水への故意の汚染が罰金一万セステルティウス。水路の補修のために空地が必要であり、新たに制限範囲の空地に工作物等を建造した者には、罰金一万セステルティウスが決められていた。ともかく水道への違反に対する罰則は厳しかったのである。

・流量（取水・給水量）の把握

水道の管理のためには、取水量と給水量の両方を把握しなければならない。給水量は前項で述べたように、給水管の寸法で管理したとしても、取水量と漏洩量（＝取水量マイナス給水量）をどのように把握するかが大問題であった。古代ローマ人は流速を正確に測れなかったのである。この時代の流量計測の考え方はどのようなものであったのだろうか。

アレキサンドリアのギリシャ人数学者・科学者のヘロンは、「流量＝断面積×流速」を初めて提案した。彼は、蒸気タービンの発明や、高校の数学で苦しめられた、三角形の三つの辺の長さと面積の関係を示した「ヘロンの公式」の発見者でもある。

彼の流量測定の記述は、以下のとおりである。「泉から湧き出る水量を知るのに、流れの断面積を測るだけでは十分でない。断面積を一二平方ディギトゥスと仮定すると、この流れの速度を知ることが必要である。なぜならば、流れの速さが速いほど、泉から湧き出る水量は大きく、遅ければ遅いほど、その水量は少ないからである。したがって、貯水槽を掘ってこれに水を導き、日時計を使って一時間に流れ込む水の量を調べ、これから一日に湧き出る量を知ることにするのがよい。このことでもわかるように、流れの断面を測ることは無用のことである。時間だけ測れば泉の流出量はわかるのである」。この理論は現代人にとっては既知のことである。

ヘロンは、ウィトルーウィウスの「建築書」にも記述された、水時計や水力機械の発明者のクテシビオス（生・没年不詳、少なくとも紀元前二八五年〜紀元前二二二年にかけて活動）の弟子といわれている。しかし彼の生きていたとされる時代には諸説があり、紀元前二世紀〜紀元二世紀と非常に範囲が広い。もしヘロンがフロンティヌスより前の時代に生きていたのなら、先人の知識・技術を利用するのに長けた古代ローマ人、ましてや聡明なフロンティヌスが、流量計測において、なぜノズル断面積にこだわったのか説明がつかない。

一方、フロンティヌスの流量測定（水道書64〜77）は、流路の断面積から導き出したクイナリアで表示していた。フロンティヌスは調査の結果、アッピア〜新アニオの九本の水道の水道台帳記載の容量（取水量。合計一二七五五クイナリア）と、給水量（貯水槽に開孔されているノズルのクイナリア値。合計一四〇一八クイナリア）に大きな違いを発見した。

そこで彼は、九本の水道で断面積計測（クイナリア値）を実施した。例えばアッピア水道の場合は、テヴェレ川東岸のヴェスタ神殿近くで計測した。水路の水深から算出すると、一八一三クイナリアとなった。ところが台帳記載の取水量は八四一クイナリア、給水量は七〇四クイナリアと、各々の値に大きな違いがあることを発見した。また、九本の水道の流量を測定し、合計は二四八〇五クイナリアであった。前記の水道台帳記載の容量（取水量。合計一二七五五クイナリア）、給水量(合計一四〇一八クィナリア)と、フロンティヌスの測定値二四八〇五クィナリアの間に大きな差異があることを見つけたのである。

この差異に対するフロンティヌスの見解は、①盗水、②漏水、③流量測定の誤り、であった。以下にその意見を紹介する。

公共使用以外には水道料金が掛かり、料金はノズルの口径で決定されていた。このため口径を小さく申告したり、給水塔や給水管等から盗水したりすることがたびたび行われていた。

前記のヘロンの記述にあるように、「流速が速くなれば、同じ断面なら、流量は多くなる」ことはフロンティヌスも自覚していた。「こうなると、容量がわれわれの測定値を超えてしまうことになるが、これについては、流れの速い、水量の豊かな川から取った水は、その速度のために容量が増加することから説明される(水道書73)」や、「忘れてならないのは、水流が高いところから流出し、短い導水管を経て貯水槽に入る場合には、定量を満たすだけでなく、常に余分が実際生じることである。逆に低いところから流出して、低い圧力で長距離を導かれた場合は、導水管の抵抗でその量は減少する。したがって、この原理によって管の流出量を抑制あるいは補助する必要がある(水道書35)」と記述していることから窺い知れる。

アッピア水道から新アニオ水道の九本の水道があり、その勾配は、一番緩いヴィルゴ水道が一〇〇〇分の〇・一九、最も急勾配のユリア水道が一〇〇〇分の一二・五四であり、このことをフロンティヌスは承知していたはずである。ちなみに、開水路の流速を求めることのできるマニングの式によると、流速は勾配の二分の一乗に比例する。ヴィルゴ水道とユリア水道の勾配の比率は六六倍違い、水の勾配以外水路の条件が同じであったとしたら、マニングの式に当てはめると、平均流速は約八倍違うことになる。

では、聡明なフロンティヌスが、流路面積だけでは流量算出が困難なことを知りながら、なぜそれにこだわったのだろうか。それに対して様々な説を立てることは可能であるが、彼の在任期間は約一年と短く、その後トラヤヌス帝に従い執政官としてダキア遠征をしている。彼の能力からして、時間があれば流量計測の不都合を解明できたであろうが、時間が許さなかったのだろう。

平均流速は、前記したようにマニングの式で算定可能であるが、水路断面計測地点付近における平均の水の勾配がわからないので不正確になる。ローマ水道の平均流速が幾らかという検討は、多くの科学者、歴史学者が試みてきた。履歴を示すと以下のとおりである。
①一八一六年プローニィ……一クイナリア＝一日当り約六〇立方メートル
②一八九四年ハーシェル……一クイナリア＝一日当り約二三立方メートル
③一九一六年ディ・フェニツィオ……一クイナリア＝一日当り約四〇立方メートル（流速を毎秒一・一メートルとすると、四・一九平方センチメートル×三六〇〇秒×二四時間×毎秒一・一メートル＝一日当り四〇立方メートルとなる）。
三者のほぼ平均であるディ・フェニツィオの一クイナリア＝一日当り四〇立方メートルを採用すると、アッピア水道から新アニオ水道の九本の水道の合計送水量は二四八〇五クイナリア（フロンティヌス測定値）×一日当り四〇立方メートル＝一日当り九九・二万立方メートルとなる。ローマ水道にはこの他、トライアーナ水道、アントニアーナ水道があり、アントニアーナ水道は、水路断面積は不明であるが、トライアーナ水道はクラウディア水道並みの送水量が想定できるので、一一本の総送水量は一日当り約一二〇万立方メートルと算出できる。しかしこの数字はフル稼働

写真29　上水井戸と釣瓶（東京都水道歴史館）

時であり、維持修繕の時などは断水が生じ、これよりも減るものと思われる。

江戸上水の市内給水

・市内給水

江戸上水の幹線水路で運ばれた水は、四谷大木戸や白山下大洗堰等で堰上げし、どのように江戸市中に配られたのだろうか。江戸市中の給水は、街路地下に埋設された水路（樋）によった。樋は自然流下で、上流から下流へと分岐枡を介して枝分かれした。前記のように六上水は分担範囲が定められており、水路にトラブルが発生した場合、その水路の下流側で断水が起こった。また枡の清掃時には、汚濁水が下流側に流れたものと推察できる。一方ローマ水道では、一一本の水道により一四区分の分担地域が互いに補完されていたので、トラブルによる断水等は少なかったものと思われる。

樋から水を汲み上げるため、方々に「水道桝」あるいは「上水井戸（共同井戸）」と呼ばれる地上への穴が設けられた。井戸から釣瓶や竹竿の先に桶を付け、水を汲み上げた。上水井戸の底は配水管（呼び樋）より深くして、水が溜まる構造とした【写真29参照】。使用した分だけの水が配水管から上水井戸の水溜めに流れ込むようになっていた。水道桝は三〇～四〇メートル四方に一カ所の密度で配置されていた。動力ポンプのない時代、釣瓶で水を汲み

写真30　木樋（東京都水道歴史館）

上げる作業は大変な労力が必要であった。大量の水が必要な湯浴みは、庶民にとってたまにしかできない贅沢であったろうし、また銭湯も水汲みには苦労したものと思われる。一方、古代ローマでは鉛管を使用し、圧力をかけて給水していたので、蛇口から水を受けることが可能であった。井戸からの水汲みに比べて大変楽である。

樋の材料には石、木、瓦、竹等が使われていたが、「樋」の字は木偏が示すとおり、木製が最も多い【写真30参照】。ヒノキ、スギ、ツガ、アカマツ等が使われており、そのうちヒノキが最もよく使われていたが、材料の規格化はなされていなかった。同様に寸法の規格化も行われておらず、上流から下流に行くにしたがい断面積を減じている。

一方、古代ローマでは、市内配管はウィトルーウィウスの時代（紀元前一世紀中葉）に鉛管が主体となり、配管寸法も規格化されていた。一六〇〇年もの年月の差があるのに、なぜこのような差異が生じるのかと思う。日本人はきちんとしているといわれているが、江戸時代の人々は古代ローマ人の足元にも及ばなかったようである。

枡は水勢を見るための水見枡、分水箇所の分かれ枡などがあり、材料は石か木である。樋同様、材質や寸法はまちまちであった。木製の樋や枡は、常に水没している箇所では耐久性の問題はないが、水没していない湿潤な部分は腐食が激しく、たびたびの交換を余儀なくされる。これは大変な作業であった。

・江戸上水の水質・水量の維持管理

江戸市内に配水された水は、どのように管理されたのだろうか。上水の維持管理をするには、①上流開削水路の清掃・浮遊物の除去、②水量の調節、③枡や井戸の清掃、が必要であった。これらをどのように行ったのだろうか。

一番目の問題は、清掃、浮遊物の除去である。上流水路は開削水路で、ローマ水道のように蓋はないため、土砂の流入やごみ捨ての可能性があった。これらをどのように解決したのであろうか。上流開削水路では、「この上水道にて魚を取り、水を浴び、又はちり芥捨る輩あらば、曲事たるべき者也」の高札を立て注意を促したり、役人が巡回したりして水路への汚濁を防止するとともに、水路へ侵入する草木の刈取りを住民に強制した。しかし、これらの指導に違反した際の罰則については決められていなかった。

水番屋では、芥止めにかかったごみの処理も行った。しかし芥止めは確実なものではなく、一八一四年(文化一一年)出版の十返舎一九の弥次・喜多道中で有名な「東海道道中膝栗毛」の発端に、「武蔵野の尾花が末にかかる白雲と詠みしは、むかしむかし、……今は、井の内の鮎を汲む、水道の水とこなしえにして、土蔵造りの白壁建ち続き、香の物桶、明俵、破れ傘の置き所まで、地主、唯は通さぬ大江戸の繁盛」とある。当時の江戸の様子が垣間見られ、多摩川の鮎が芥止めをすり抜けてきたということだ。芥止めとはその程度のものであり、鮎も木片も雑物も、井戸に流入していたのであろう。

玉川上水は流れも速く、川岸に急峻な箇所が多いため、昭和二三年の作家・太宰治の入水自殺のように、投身自殺が絶えなかった。水死体、いわゆる土左衛門の処理も巡回役人や水番屋の役人の仕事だった。ちなみに土左衛門とは、成瀬川土左衛門(生年不詳〜寛延元年(一七四八年))、江戸時代大相撲の力士の名前が由来である。「成瀬川肥大の者ゆえに、水死して渾身ふとりたるを、土左衛門の如しと戯れあいひしが、ついに方言となりし云々」、と近世奇跡考に記載している。水死者が浮かんだ水を飲み水に使うということは、あまり気持ちの良いものではない。

各水道とも表層水の取水で、上流部は開水路であった。途中に貯水池や沈殿池を設けていなかったので、大水や大風の時の汚濁は防ぎようがなく、汚濁水は地下水路に流入した。あまり衛生的とはいえない。一方、ローマ水道は、泉からの地下取水や湖沼の深層取水が主体であり、トンネルや蓋付きの水路であったので汚濁水の流入の恐れは少なかった。このように、江戸上水と古代ローマ水道の考え方は大きく違うことがわかる。

二番目の問題は、上水から市内に配水する量の調節である。玉川上水の四谷大木戸や神田上水の目白下大洗堰等に水番屋があり、水番人が水量の調整を行った。上水入り口にせき板を設置して、せき板の上下により流水部面積の調整を行い、余水は放流した。水量は古代ローマと同様、流速は考慮せず、流水部面積で算定したようだ。

三番目の問題、枡や井戸の清掃はどのようにしたのだろうか。前記したように、上水中の泥分や砂分は地下水路に流入した。枡や井戸は水が滞留するため、泥砂分や有機分は沈降して底部に堆積し、時間が経つと腐敗し異臭を放つことがあった。そこで、定期的な底ざらいが町方に義務付けられたが、この作業は大変であった。特別の清掃設備があったわけではないので、長いはしごを入れて行っていた。古代ローマでは、市内給水の前に、沈殿槽や貯水槽で水中の不純物は大半取り除かれたので、水汲み場での清掃の必要性は少なかったものと思われる。清掃を行ったとしても地上の水槽であり、大して手間のかかるものではない。江戸上水とローマ水道には大きな差があったのだ。

・水の使用料および補修費用の徴収

水道使用料金は「水銀（みずぎん）」と呼ばれていた。水銀は水道使用量に依存するのではなく、武家は禄高に応じて、町方は地所の表間口に応じて地主が負担（年間表間口一間につき一一文。一文＝約二五円）していた。非常に大雑把な料金査定方法である。水道使用量が測れないから大雑把な料金査定になるのか、料金査定が大雑把だから水道使用量を計測しようとしないのか、江戸上水の使用水量の計測記録は見当たらない。水銀は日常の維持管理費に充当していた。正徳五年（一七一五年）頃の玉川用水と神田上水の水銀は四二〇両ほどで、武家が九割、町方が一割であった。

上水の建設費や大修復費は、当初は公儀入用金から支出していた。しかし破損箇所が多くなり、幕府が賄いきれなくなったため、町方・武家から当初は賦役、後に普請金として徴収された。徴収金額は水銀と同程度であった。ところで、一両が現在の価格でいくらに相当するかは、様々な算定方法がある。例えば、米の値段を基準にした場合、金一両は現代の約六万円。職人の賃金から算出した場合、金一両は現代の約三〇万円になる。一両一〇万円（一文二五円）とすると、玉川、神田上水の水銀は年間約四二〇〇万円。水銀と普請金を合わせると、倍の八二〇〇万円となる。

・管理体制

江戸上水を良好な状態で管理するために、どのような体制で行ったのであろうか。まず、上水の管理は、当初は専任ではなかったのである。寛文六年（一六六六年）、神田、本所上水および

写真31　上水記（東京都水道歴史館）

玉川上水奉行に各二名が任命された。これは常置のようである。その後、元禄六年（一六九三年）、道奉行が上水を管理するようになった。玉川上水を拓いた玉川家や神田上水を拓いた内田家が、水道請負人（水役）として、上水の普請金や水銀の徴収をしていた。

享保五年（一七二〇年）、従来、水役との交渉で行われていた町方の軽微な水道普請でも、道奉行の指図を受けるように改定となった。元文四年（一七三九年）、玉川家は業務不行き届きとのことで水役を罷免。この年に水道支配は道奉行から町奉行に移管された。そして明和五年（一七六八）、普請奉行に水道管理は移されたのだ。さらに明和七年（一七七〇年）、内田家が神田上水水役を罷免された。水役の罷免とともに水道管理は幕府直轄となり、水銀や普請金は幕府の金庫に入った。そして文久二年（一八六二）、普請奉行が廃止されたため作事奉行管轄となり、幕末まで続いた。

江戸幕府では、実質の権威は、非常時は大老職、常時は老中職が持っていた。江戸時代の二六五年間で、大老は一三人、老中は一四五人輩出している。したがって、古代ローマの執政官職は江戸時代の老中職に相当するものと思われる。しかし、治める領土の広さは断然違う。江戸上水の管理長官は、上水奉行、町奉行、普請奉行、作事奉行と変わったが、この中で一番位が高いのは町奉行職である。町奉行には、「遠山の金さん」で有名な北町奉行・遠山左衛門尉景之や、「大岡裁き」の南町奉行・大岡越前守忠相がいる。元来、上司からの命令を奉じてそのことを執り行うことを「奉行する」という。老中の支配下であり、それほど権限のある役職ではなかった。

一六六六年から約二〇〇年の間に、水道管理主体が幾度となく変更された。徳川幕府は、古代ローマのように上水管理が最重要業務だとは考えていなかったようである。

フロンティヌスの「水道書」に相当する江戸上水の記録は、一七九一年（寛政三年）に普請奉行上水方道方を務めていた石野遠江守広道が著した。【写真31】に示すような書物が一〇巻で構成されている。その内容は、玉川、神田上水の概要（第1巻）に始まり、水源から江戸市内に至る水路、樋敷設状況の絵図（第2巻～第7巻）、江戸上水の歴史を伝える玉川兄弟および内田茂十郎の書付、青山上水等ほかの四上水の概要（第8巻）、上水沿いにおける分水、水車の実態調査書付（第9巻）、管理に関する水番、見回り人の業務、水銀徴収記録（第10巻）等から構成されている。

第四章

大規模な公共浴場は、なぜ造られたのか

古代ローマの泉と浴場・水車の話

ローマ水道は、飲用や家庭用のほかに、泉（噴水）、浴場、水車等に使用された。特に、トレヴィの泉、カラカラ浴場は有名である。ローマの西側、トランステヴェレ地域は、工業地帯として水車を利用した製粉業等も盛んであった。この章では、序章で提起した、なぜ大きな公共浴場を造り、どのような水利用をしたのだろうかという第三の疑問について答える。

古代ローマの泉（噴水）

ローマは泉（噴水）の町である。古代ローマ時代、その数はいくつあったかわからないが、大型の装飾用噴水が三八カ所あったことがフロンティヌスの「水道書」に記載されている。現在は大小二〇〇〇の泉があるといわれている。江戸にいくつあったかはわからない。古代ローマの泉（噴水）は、市内給水管に鉛管を使用した威力を示している。この節では、古代ローマと日本の

水信仰や、ローマ市の古代・現代の泉について紹介する。

・ローマの泉と噴水

イタリアの作曲家オットリーノ・レスピーギが一九一六年に作曲した「ローマの噴水」、あるいは「ローマの泉」と呼ばれる四部構成の交響詩がある。第一部「夜明けのジュリアの谷の噴水(泉)」、第二部「朝のトリトーンの噴水(泉)」、第三部「真昼のトレヴィの噴水(泉)」、第四部「たそがれのメディチ荘の噴水(泉)」に分かれている。各楽章は、ローマの名所の異なる時代や、時間の噴水(泉)を描いている。情景が浮かぶような素晴らしい交響詩である。

ローマには現在、トレヴィの泉をはじめ多くの泉がある。広辞苑によると、日本語で「泉」は、「地中から湧き出る水、または湯。その場所」、噴水は、「噴き出る水。または水を噴出させる装置」の意味である。すなわち泉は自然、噴水は人工という意味合いが強い。ちなみに英語の「ファウンテン」は、「噴水・泉・水源」等の意味がある。トレヴィの泉は地中から湧き出ているわけではないので、日本語では噴水に相当するが、「泉」と呼んでいる。

・古代ローマと泉のかかわり、日本人の水信仰

古代ローマの人々は、泉を神聖なものと考え信仰の対象としていた。泉を司る神・ユトゥルナは、女神でありニンフでもある。「ニンフ」とはギリシャ神話の精霊・妖精の一つで、神々の従者をしている美しい女性である。神々や人間と恋をし交わって、英雄や半神を産み、多くの逸話の主役となっている。健康を司り、安産をもたらし、さらに雨乞いの対象でもあった。古代ローマには日本と同じく八百万《やおよろず》の神々がいて、泉の神はフォントゥス、海神はネプチューン、海洋・河川・水の神はオケアノスである。

日本では、水神や水天宮が水の神様として知られている。水神は、水に関する神の総称である。農耕民族である日本人にとって、水は最も重要なものの一つであり、水の状況によって収穫が左右されることから、水神は田の神と結びついた。したがって水神は、田のそばや用水路沿いに祀られていることが多い。また、水源地に祀られる水神は、山の神とも結び付いている。農耕以外の日常生活で使用する水、すなわち井戸や水汲み場にも水神が祀られる。一方、水天宮は福岡県久留米市の水天宮（久留米水天宮）を総本社とし、日本全国にある神社である。祭神は天御中主神《あめのみなかぬしのかみ》で、壇ノ浦の戦いで敗れた安徳天皇らを祀る。仏教の神である水天は、子育ての神、子供の守り神として信仰されるようになった。ご利益は、水と子供を守護し、水難除け・農業・漁業・海運・水商売、また安産・子授け・子育てである。ニンフは、日本の水神や水天宮を兼ね備えた部分がある。

写真32　トレヴィの泉

・モストラ

古代ローマには多くの水道があり、水道橋の終着点を示す噴水は「モストラ」と呼ばれ、とりわけ華麗に装飾された。ヴィルゴ水道の項で説明したが、古代ローマ人は、名誉や栄誉を称えるために壮大なものを造ることが大好きであり、モストラもその一つである。

トレヴィの泉もモストラで、ヴィルゴ水道の終着点にある。ここはローマ一の観光名所で、「この泉に背を向けて、コインを泉の中に投げ入れると、またローマに戻って来られる」との言い伝えは有名であ

写真33　マリウスの戦勝記念碑

る【写真32参照】。しかし、ヴィルゴ水道建設当時にトレヴィの泉があったかどうかは明らかでない。現在の泉が造られたのは、ローマ教皇クレメンテス一二世（在位一七三〇年～一七四〇年）の時代である。設計者はニコーラ・サルヴィで、一七三二年から工事を始めたが、予算オーバーや資金難のため完成は三〇年後の一七六二年であった。この時には推進者の教皇も設計者も他界していた。泉の名は、建設地が三叉路（トレヴィ）にあったことから由来している。ローマの泉の中で最も壮大で、横幅は四九メートルある。中央には高さ五・八メートルの巨大な水神、オケアノスの像が建っている。オケアノスは二頭の海馬に引かれた馬車に乗り、その海馬を率いているのがトリトーンである。トリトーンは海神ポセイドンの息子で、深淵からの使者とされている。竹山博英著の「ローマの泉の物語」によれば、トレヴィの泉には一日八万立方メートルもの水が供給され、清冽な水が湛えられている。

ユリア水道のモストラが、ヴィットリオ・エマヌエーレ二世広場にある、マリウスの戦勝記念碑である【写真33参照】。ガイウス・マリウス（紀元前一五七年～紀元前八六年）は平民の出身で、執政官に七回選出された有能な軍人・政治家である。共和政ローマにおいて、元来、有産市民階級の義務であった軍務に、有産市民階級とともに、無産市民階級からも兵士を募集する志願兵制度を取り入れ、ローマ軍の改革を行った。従来の一年毎の任務交代ではなく、ローマに初めて常時の職業軍人を導入し、常勝のローマ軍を形作ったのである。

写真34　ムーア人の泉

現存の記念碑は、二二六年、皇帝アレクサンデル・セウェルス（在位二二二年～二三五年）によって、ユリア水道のカステルムの上に造られた。皇帝セウェルスは、過去の建造物の修復とともに新たな建設に力を注ぎ、前者にはマリウスの戦勝記念碑があり、後者には首都ローマ最後の水道となったアントニアーナ水道やアレクサンデル浴場がある。マリウスのモストラは、古代に「オケアノスの泉」と呼ばれ、上層部の中央位置にオケアノスの神像が納められていたといわれている。ポルタ・マジョッレから城壁内に入ったユリア水道の水道橋は、すでになくなっている。そのため今見ると小山のような構造物で、とても噴水があったようには見えないのだ。ちなみに、交響詩「ローマの泉（噴水）」の第一部「夜明けのジュリアの谷の噴水（泉）」の「ジュリア」は、ユリア水道を意味している。

・**現在のローマの泉**

現在ローマにある泉は中世以降のものであり、これらの泉の設計者・建設者として特に有名なのは、デッラ・ポルタとベルニーニである。

ジャーコモ・デッラ・ポルタ（一五三二年～一六〇二年）は、「泉の建築家」と呼ばれ数多くの名作を遺した。ナヴォーナ広場のムーア人の泉【写真34参照】、ポポロ広場の泉、チンクエ・スクオーレ広場の泉、マッティ広場の亀の泉、カンポ・ディ・フィオーリ広場のスープ皿の泉、ロトンダ広場の泉、大きな仮面の泉等が有名である。

ジャン・ロレンツォ・ベルニーニ（一五九八年～一六八〇年）は、バロック

写真35　トリトーネの泉

写真36　兼六園の噴水

を代表するイタリアの多芸・多作の彫刻家・建築家・画家である。彫刻家として最初の作品は一七歳、もしくはそれ以前に刻んだ幼神ゼウスの彫像で、最後の作品は八一歳の時のキリスト像である。プロセルピナの略奪、ダビデ像、アポロンとダフネ（共にローマの国立ボルゲーゼ美術館所蔵）、サンピエトロ大聖堂の祭壇天蓋等が特に有名である。その中でも「プロセルピナの略奪」は、躍動感あふれる傑作である。建築作品にはローマのバルベリーニ宮、モンテチトーリオ宮（現イタリア下院）、サンピエトロ広場等がある。泉の建造者としては、ローマのナヴォーナ広場の四大河の泉、蜂の泉（別名：貝殻の泉）、バルベリーニ広場のトリトーネの泉が有名である【写真35参照】。交響詩「ローマの泉（噴水）」第二部の「トリトーンの噴水（泉）」とは、このトリトーネの泉のことである。

デンマークの童話作家、アンデルセンの出世作となった最初の長編小説「即興詩人」の文頭に、この泉の素晴らしさを次のように記述している。「羅馬（ローマ）に往きしことある人はピアッツア・バルベリイニを知りたるべし。ここは貝殻持てるトリイトンの神の像に造りなしたる、美しき噴水ある、大なる広小路の名なり。貝殻よりは水湧き出てその高さ数尺に及べり」。アンデルセンが描写するように、広場の中央には素晴らしい噴水がある。

・日本最古の噴水

一方、日本では、江戸時代に加賀藩が造った庭園、兼六園に最古の噴水がある**【写真36参照】**。兼六園は周りの金沢市内より一段高くなった丘陵状の地にあり、池、泉、小川、滝、噴水などが至る所にある。これらは水の落差による水圧で流れ出る、あるいは噴き出すように造られていている。伏越を利用しており、ポンプは全く使用していない。

古代ローマの浴場

古代ローマの名所の一つに、壮大な公共浴場、カラカラ浴場がある。ローマの本格的公共浴場は、紀元前二五年にマルクス・アグリッパによって建設されたアグリッパ浴場が最初である。それ以降、歴代皇帝の名を付けた数多くの公共浴場が建設された。首都ローマのみならず、領土の各地に水道とともに建設されたのである。公共浴場のシンボルともいえるカラカラ浴場は、どのようなものであったのだろうか。また、公共浴場がローマ繁栄の原動力ともなったのはなぜだろうか。

・カラカラ浴場

ローマの中心、フォロ・ロマーノの南約一・五キロメートルにあるカラカラ浴場は、三六〇メートル×三三〇メートルの広大な敷地に建設され、浴場は長さ二二〇メートル、幅一一〇メートル、高さは三八・五メートルもあった【写真37、38参照】。カラカラ浴場のパンフレットによると、一時に一六〇〇人、そして一日六〇〇〇～八〇〇〇人が利用できたという。カラカラ浴場はただの浴場というより、娯楽性の高い総合レジャー施設であった。ちなみに福島県にある「スパリゾート・ハワイアンズ」は、面積一三万平方メートル、二〇〇七年の来場者数は約一六〇万人で、カラカラ浴場とほぼ同規模の広さと収容人数である。

この浴場は、アントニアーナ水道の水を貯水槽に貯めて使用した。この時代、スクリュー式のアルキメデス・ポンプは存在したが、大量の水を揚水できるポンプはなかったので、すべて自然流下方式である。したがって、貯水槽→燃焼釜付き加熱槽→温水槽→排水設備と、順次低い位置

写真37　カラカラ浴場現状(グーグル航空写真)

写真38　カラカラ浴場復元模型(ローマ文明博物館)

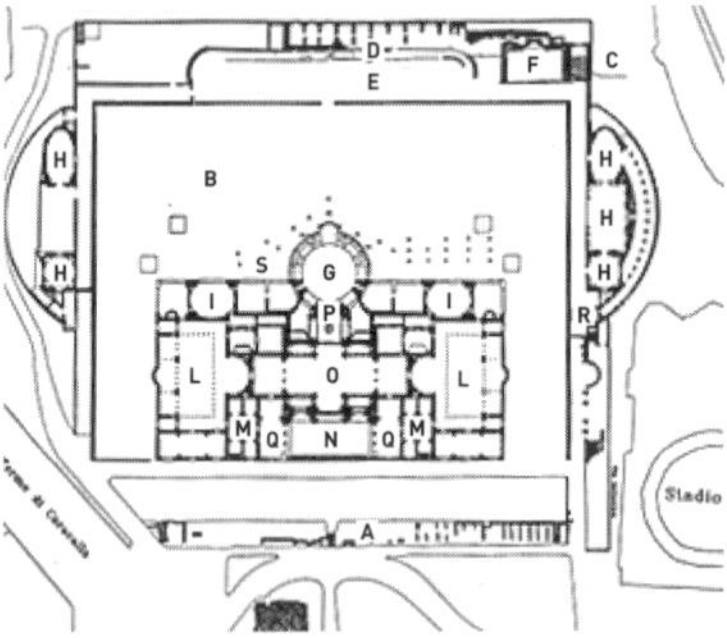

図32　カラカラ浴場平面配置図

A：屋根付き塀
B：庭あるいは長い柱廊
C：階段
D：貯水槽
E：スタジアム
F：図書館
G：高温浴室
H：ホール
I：発汗室
L：ジム
M：脱衣所
N：プール
O：冷水浴室
P：微温浴室
Q：前庭
R：燃焼室
S：地下レベル

写真39　カラカラ浴場（高温浴室）

写真40　ポンペイの微温浴室

写真41　ポンペイの高温浴室

に流す必要があったため、地上二階、地下二階の四層構造となった。その構造はまだ十分には解明されていないが、【図32】に示す平面配置図のようである。現在でも数多くの建設物が遺跡として残っている。

ここには「フリギダリウム」と呼ばれる冷水浴室、「テピダリウム」と呼ばれる微温浴室、「カルダリウム」と呼ばれる高温浴室【写真39参照】、「パラエストラ」と呼ばれるジムがあった。浴室は、底の深い立ち風呂であった。ここで面白いのは、カラカラ浴場の平面配置図からわかるように、浴場の主要設備である冷水浴室、微温浴室、高温浴室はそれぞれ一つしかなく、利用者の階級や性別に関係なく一緒に利用したことである。カラカラ浴場の微温浴室や高温浴室は破壊され、今はないので、現存するポンペイのものを【写真40、41】に示す。敷地内には図書館があり、二つの部屋

図33　絵画：ローレンス・アルマ・タデマ「カラカラ浴場」(1899)

に分かれ、それぞれギリシャ語とラテン語の書物が収蔵されていた。内部は、エジプトやヌミデアから運んだ色とりどりの大理石、多種多彩なモザイクや絵画、彫刻で装飾された豪華なものであった。特に、ファルネーゼの彫刻、「雄牛」や「ヘラクレス」は見事なものである。そしてローレンス・アルマ・タデマの絵画に描かれているように、社交と享楽の場であったようである【図33参照】。

　大規模な四階建ての構造、またカルダリウムは直径三六メートルの大ドーム天井であったことから、建設には五年の歳月が掛かり、約九〇〇〇人の作業員が働いていたと推測されている。

　浴場の加熱には、一日七トンの木材が使用され、また、七カ月分の貯蔵がなされていた。この木材で湯を沸かすと、熱量ロスをしなければ、毎日七〇〇〇立方メートルの水を約二〇度、温度上昇させることが可能である。したがって、かけ流しに近い状態であったのであろう。また浴場の運営、維持のために多数の奴隷が働かされていた。カラカラ浴場は、ローマ帝国滅亡後の五三七年、ゴート王ウィティギスのローマ包囲、水道封鎖により使用不可能となったといわれている。

　では、この浴場を造ったカラカラ帝（在位二一一年～二一七年）とはどんな皇帝であったのか。彼は人の気を惹くことが好きな反面、浅智恵で残虐な性格であり、結果としてローマ帝国を崩壊に追い込んだ皇帝といえる。彼は一八六年、ガリアのリオンに生まれた。「カラカラ」という名前は、彼

写真42　カラカラ帝彫像

の愛用した、ガリア人の外套に由来する通称であった。本名はマルクス・アウレリウス・セヴェルス・アントニヌスである。二一一年、二五歳の若さで皇位に就き、アレクサンダー大王に憧れ積極的に外征をしたが、二一七年、遠征先のパルテアで近衛軍団長に暗殺された【写真42参照】。カラカラ浴場は皇帝在位中の二一二年に着工し、二一六年に完成した。その建設は、屋根付き外塀が完成する二三五年まで続いた。

カラカラ帝は、民衆からの人気を得るために、公共浴場・カラカラ浴場を建設した。次に二一二年、アントニヌス勅令を発布し、全属州の自由民(奴隷以外)にローマ市民権を付与した。これは一見、属州民の地位向上に努めた善政に思える。しかし実は、財政と軍務で帝国に大きな打撃を与えた、浅はかな政策だったのだ。財政面について、同時代の歴史家カシウス・ディオは、「アントニヌス勅令は税収拡大を狙っていた」と述べた。属州民をローマ市民にすることで、相続税や奴隷解放税の納税を義務づけ、同時にこれらの税率を五％から一〇％に引き上げた。これが従来のローマ市民には増税となり、不満が溜まって、ローマ市民のフィランソロピー(慈善活動)ともいうべき、財産の他人への相続や奴隷の解放が減り、市民税は減ってしまった。また属州民の消滅とともに、一〇分の一の所得税である属州民税がなくなったため、帝国の税収は減少してしまった。その結果、埋め合わせに臨時税の乱発が常態化して、初代皇帝アウグストゥス以来の税制は崩壊し、国家財政は機能不全に至った。なお、不評の増税は、カラカラの死から二年後、元に戻された。

軍務面でカラカラの施策は弱体化を招いた。その理由は以下の通りである。従来ローマ軍団は、ローマ市民軍団兵と属州民補助兵で構成されていた。属州民は、二五年間ローマ軍団で兵役を務めることにより、本人だけでなくその息子も、栄えあるローマ市民権を獲得することができた。このため属州民から兵士への志願者は多かった。しかし属州民という枠組みがなくなってしまったため、現在ではいわゆる「3K仕事」といわれる、命を的にした兵士へのなり手が減ってしまった。すなわち、ローマ市民は、エリートのプライドを持った軍団兵としての国を守る気概を喪失してしまったため、志願者が減少したのだ。また今までの属州民は、市民権を得るための志願の必要性がなくなり、兵士への応募が減少してしまった。このため、ローマ軍をローマ人で構成することが困難となり、代替に蛮族出身者の傭兵が進み、ローマ人の精神に立脚したローマの国防能力は大幅に低下した。その結果が、四〇九年の西ゴート族長アラリックのローマ帝国軍司令官任命である。

イタリア・ルネサンス期の政治思想家、マキャヴェッリ(一四六九年～一五二七年)は、著書の「政略論」で、傭兵制度採用の欠点を次のように述べている。「金銭で雇うことによって成り立つ傭兵制度が、なぜ役立たないか、の問題だが、その理由は、この種の兵士たちを掌握できる基盤が、支払われる給金以外にないというところにある。これでは、彼らの忠誠を期待するには少なすぎる。彼らがその程度のことで、雇い主のために死までいとわないほど働くと期待するほうが甘いのだ。だから指揮官に心酔し、その下で敵に勇敢に立ち向かうほどの戦闘精神は、自前の兵士にしか期待できない」。当然の意見である。しかし共和政ローマを震え上がらせたカルタゴの将軍ハンニバルは違っていた。彼の軍隊は傭兵が主体であり、彼らを指揮して一六年間もイタリア半島を蹂躙した。これが名将といわれる由縁である。もう一つの問題は、従来補助兵であった属州民の給料は、市民軍団兵よりも安かったものが同等となったことである。これが給料の上昇を招き、国家財政のさらなる負担となった。これらのことから、カラカラの浅智恵がローマ帝国滅亡の原因を作ったといえるのである。

モストラに名前を遺したマリウスは、常勝のローマ軍を形成し、浴場に名を遺したカラカラは、そのローマ軍を弱体化させる政策を取った。水に絡んだ二人の対比は興味深いことである。

付け加えておくと、ローマ皇帝は風刺や批判に案外おおらかであったと述べたが、カラカラは違っていた。アレキサンドリアの市民が彼を風刺したことに対し、連帯責任で数千人の市民を虐殺したとのことである。すべてに通用する法則はないのである。気を付けなければならない。

・ローマ風呂の起源――ギリシャの風呂文化

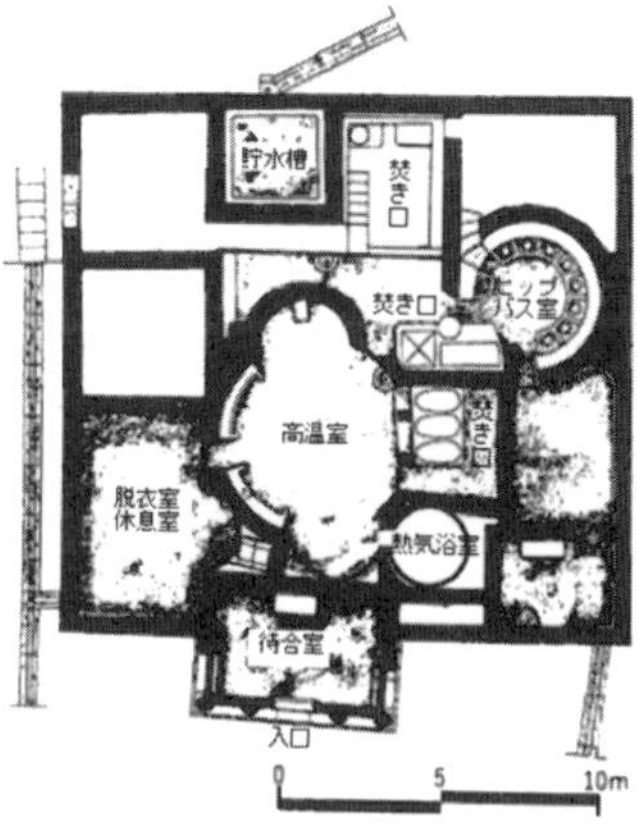

図34　バラネイオン想像図

ローマ人は風呂好きで、衛生観念が発達していた。大量で新鮮な生活用水の利用、水洗トイレの使用、そして下水への放流。放流先となったテヴェレ川の水質に多少問題はあったが、現在の先進国の水準にも匹敵する衛生状態を実現していたのだ。しかしなぜ、ローマ帝国滅亡後、風呂好き文化が途絶えてしまったのか。

古代ローマの文化は、ギリシャの文化に負うところが多く、風呂もギリシャの真似から始まった。では、古代ギリシャの風呂文化はどうであったのだろうか。

古代最初の衛生学者・ヒポクラテスは、紀元前四六〇年頃ギリシャに生まれた。彼は、ある種の病人や怪我人に温浴を、健常者には冷水浴を勧めた。入浴は基本的に健康法の一つであったが、過度の水浴は禁じた。

ギリシャでの共同浴場は、紀元前五世紀頃に出現した、「バラネイオン」と呼ばれる風呂で、腰掛け式のシャワー(＝ヒップバス)をたくさん並べた部屋が特徴である【図34参照】。後の、底の浅い洋風バスの起源である。これとは別に、「ギムナシウム」と呼ばれる施設があった。バラネイオンが純然たる浴場施設なら、ギムナシウムは、体育施設、講義室や図書館を備えた教育施設に風呂がプラスされたものである。古代ギリシャの文化風土は、「スパルタ教育」の語源となった都市国家スパルタのように、スポーツ万能で頑健な肉体を持つ男が最も尊ばれ、さらに明晰な頭脳が求められた。この時代の男性は文武両道を求められ、大変であったのだ。故に、こうした施設が造られたのである。ここでの「風呂」とは、汗を流したり垢を取ったりするための、シャワー主体の実用本位のものであった。紀元前三世紀以降になると、バラネイオンやギムナシウムに熱気浴が加わった。この時代は、日本では竪穴住居の縄文時代が終わり、弥生時代に入った頃。大変な違いである。

・ローマの風呂文化

ギリシャの影響を受けて発達したローマの浴場は二種類ある。バラネイオンやギムナシウムを継承した浴場「バルネア」と、その中でも特にスケールの大きな公共浴場「テルマエ」である。ローマの時代になると、体の鍛錬は兵士だけに必要なものとなり、市民の鍛錬の必要性は薄れ、風呂中心に変わっていった。

ローマ人は通常、夜明けとともに仕事を始め、午後の早い時間に仕事が終わる。浴場は正午から二時頃に開場し日没まで開かれ、庶民の憩いの場、一日の疲れを取る場となっていた。ポンペイ等では夜間まで開業していたともいわれている。入浴料は、男性が一クォドランス（二五円　四分の一アス。一アスは約一〇〇円）、女性はもう少し高額で、兵士と子供は無料であり、奴隷もお客として利用できた。

古代ローマの奴隷の息子は、仕えている主人の息子と共に高等教育等を受けることもよくあった。これは、将来有能で忠誠心の厚い秘書官づくりの方策であった。そのため、奴隷が主人と一緒に公共浴場を利用することもあった。有能な奴隷は時間と金があり、客として公共浴場を利用することも可能であった。しかし、どの程度利用していたかはよくわからない。

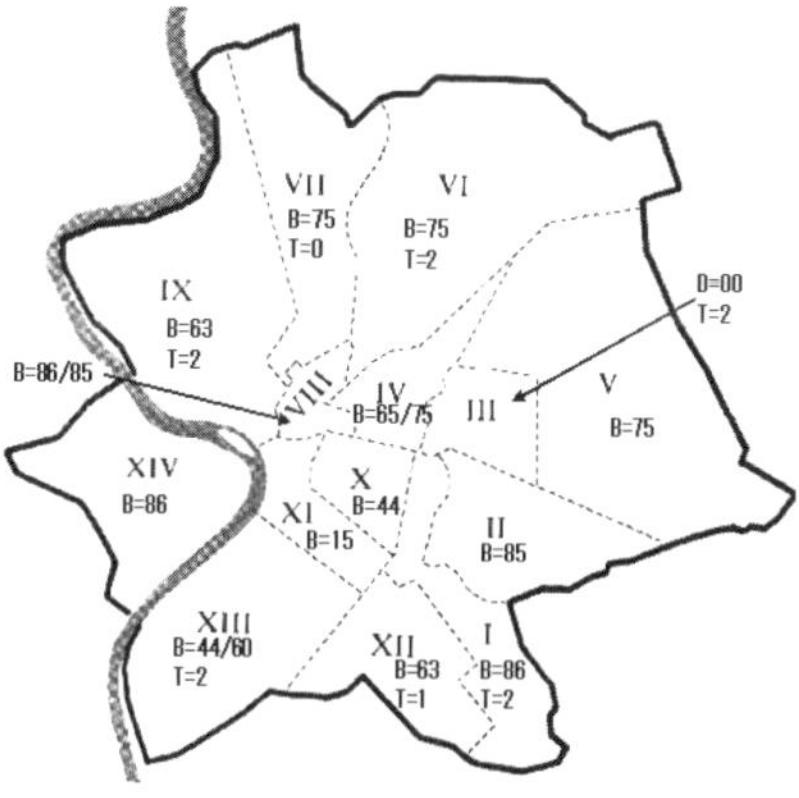

図35　首都ローマのテルマエ（T）とバルネア（B）の分布

テルマエは、紀元前一世紀に入ってから造られるようになった巨大建造物で、浴場というよりは市民のための総合レジャーセンターであった。施設内容は風呂のほか、ボクシング・球技・レスリングなどのスポーツができる施設、劇場・図書館・飲食店・大ホールがあり、売春も行われていたようである。帝国の巨大な富と、水や加熱の管理をする膨大な数の奴隷によって生み出されたものである。

著名なテルマエは、アグリッパ浴場（紀元前二五年）で、ネロ（在位五四年～六八年）、ティトゥス（在位七九年～八一年）、ドミティアヌス（在位八一年～九六年）、トラヤヌス（在位九八年～一一七年）、カラカラ、デキウス（在位二四九年～二五一年）、ディオクレティアヌス（在位二八四～三〇五年）、コンスタンティヌス（在位三〇七～三三七年）等の皇帝が建造し、それは権威の象徴であり、国民の人気取りでもあった。ローマの中心部、テルミニ駅の語源となったディオクレティアヌス浴場は、カラカラ浴場を凌ぐ規模と豪華さであった。テルマエやバルネアはローマ市内や帝国各地に多数建設された。その中には、ロンドンの西一四〇キロメートルにある世界遺産で、「バス(風呂)」の語源にもなったバースや、ドイツのバーデン・バーデンもある。

首都ローマにどのくらいの数の浴場が存在したかについて、ファーガンは著書の「Bathing in Public in the Roman World」に、テルマエ一一カ所、バルネア九四二〜九六七カ所と記述している【図35参照】。前記したように、カラカラ浴場の収容人数は一日当り六〇〇〇人〜八〇〇〇人であり、ディオクレティアヌス浴場の収容人数は一時に三二〇〇人といわれ、ローマの最大の公共浴場であった。しかし、一一カ所の公共浴場総計の収容人数はよくわからない。バルネアはテルマエの小型版ということであるが、収容人数は同様に不明である。これらのテルマエやバルネアが、同時期にいくつ存在したかは不明だが、すべて同時期にあったとすると、浴場の収容人数や占有面積について以下の推定ができる。

例えば、テルマエに一日一カ所当り平均三〇〇〇人収容、バルネアに一日一カ所当りテルマエより一桁少ない三〇〇人収容できたと仮定すると、三二万人の人々が毎日入浴を楽しむことができたという勘定になる。首都ローマの人口は、二世紀中葉には一〇〇万人を超えている。上流階級や軍施設では専用の浴場を所有していたので、三二万人との推測の数字を、多いと見るか、少ないと見るかである。

また、【図8】に示したとおり、テルマエはローマ市の中で大きな面積を占めている。カラカラ浴場は、三六〇メートル×三三〇メートルで一二ヘクタールの面積である。一一カ所のテルマエの平均面積をカラカラ浴場の半分の六ヘクタールと仮定すると、一一カ所で六六ヘクタールとなり、それだけで首都ローマの面積一・三八四ヘクタールの約五％となる。さらに九〇〇カ所を超すバルネアがある。まさに浴場都市ローマといえるのではないだろうか。

首都ローマにはこの他に、円形闘技場・コロッセオ、マルケルス劇場、戦車競技で有名なチルコ・マッシモ等の娯楽施設が多数あった。浴場にこれらの娯楽施設を加えると、占有面積はローマ市の中でかなりの広さになるのではないか。まさに古代の大歓楽都市ともいえるだろう。

そして、公共浴場が古代ローマ繁栄の原動力でもあったのはどうしてか。それは、皇帝から元老院議員、市民、そして奴隷までが、分け隔てなく、同じ浴場に入っていたということである。カシウス・ディオの皇帝伝によれば、ハドリアヌス帝他多くの皇帝が、公共浴場を庶民とともに利用したと記されている。皇帝をはじめ、ローマのすべての人々が裸の付き合いであったということだ。したがって、皇帝のために頑張ろうという気にもなる。厳然たる階級制度があった古代ローマ時代、円形闘技場や劇場の座席は身分により分けられていた。その一方で、浴場での裸の付き合い。興味深いことである。一体感と階級差別、これが古代ローマ繁栄の原動力ではないだろうか。しかし男女混浴については眉をひそめていた人々がいた。ハドリアヌス帝等は混浴を禁じたが、あまり守られなかったようである。

こうした古代ローマの大規模浴場施設も、ローマ帝国の滅亡とともに次第に消滅した。一つには、大量の水消費、木材等の燃料消費を必要としたためである。また、運営維持するためには、使役(奴隷)がいて初めて成り立つものだけに、巨大な富と権力の背景がなければ存立し得なかった。帝国の衰退は、財政的に浴場の運営維持を困難にしたのである。

図36　江戸時代の銭湯

もう一つの理由は、三一二年のコンスタンティヌス帝によるキリスト教公認である。キリスト教の影響が強まるにつれ、共同浴場は衰退していった。禁欲思想、とりわけ性に対する禁欲を求めたキリスト教のもとでは、男女が集い、裸になる共同浴場は不道徳以外の何ものでもなかった。ヨーロッパではこれ以降、近代までの千数百年もの長い間、キリスト教会からの圧力による閉鎖命令等を受け、共同浴場は社会から姿を消すこととなった。

・日本の風呂文化

一方、日本の風呂文化はどうであったのだろうか。

奈良～鎌倉時代は、寺院が庶民に湯を施す「施湯」が行われていた。仏教では、沐浴の功徳を説き、汚れを洗うことは、仏に仕える者の大切な仕事だという考えがあったからである。

江戸における最初の銭湯は、天正一九年（一五九一年）、江戸城内の銭瓶橋の近くに伊勢与一が開業した、蒸気浴によるものであった。現在の湯槽式入浴は江戸時代から始まった。当時は男女混浴で湯あみ着を着て入浴していたといわれている。江戸時代、内風呂を持てるのは大身の武家屋敷に限られ、火事の多かった江戸では、防災の点から内風呂は基本的に禁止されていたのである。

江戸時代初期の共同浴場は、水の使用量が少ない蒸し風呂や浅い浴槽が多かった。これは、井戸から釣瓶で水を汲む作業が大変だったためではないだろうか。蒸気を逃がさないように入り口は狭く、窓も設けられなかったので場内は暗く、そのために盗難や風紀を乱すような状況も発生した。寛政三年（一七九一年）、松平定信により、男女入込禁止令や、後の天保の改革によって混浴が禁止されたが、必ずしも守られなかった。これは古代ローマも同様であった。時代や国が変わっても、人間は同じようなことをするものである。また、銭湯は庶民の娯楽、社交の場として機能しており、落語が行われたこともある。特に男湯の二階には座敷が設けられ、湯茶の接待があり、碁や将棋も行われ、休息所として使われた。しかし、古代ローマのような総合レジャーセンターとは違っていたのだ。

江戸末期には、大店の商家でも内風呂を持つようになったものの、本格的な内風呂の普及は第二次世界大戦以降である。文化年間（一八〇四年～一八一八年）の頃には、江戸市中に六〇〇軒の銭湯があったとのことである。銭湯の収容能力はどれほどであったかわからないが、ペリーの日本遠征記に登場する銭湯の絵【図36参照】からは、現代のそれと規模は大きくは変わらないものと思われる。

江戸の銭湯の営業は、朝八時頃から午後の四時頃まで行われていた（東京都浴場組合ホームページによる。一説に午後八時まで営業していたとの説もある）。午前中の営業は、隠居や道楽者が相手で、人数は多くはなかったのではないだろうか。また、午後四時に終わるのでは、職人の利用もあまり見込めなかったのではないだろうか。

江戸の最盛期人口は、一〇〇万人を超えていたといわれている。そのうち、約半数の五〇万人（寛保三年、一七四三年の調査では約五九万人）が庶民、残りの半数が幕府や諸藩邸の武士や寺社の人々である。したがって、銭湯の対象は約五〇万人の庶民である。六〇〇軒の銭湯の数を多いと見るか、少ないと見るかである。

江戸の職人はきれい好きで、毎日のように銭湯に通ったといわれている。入場料は大人一五〇円程度、月極で三六〇〇円程度とのことである。江戸時代の職人は、朝早くから日没近くまで働いたといわれているから、職人が毎日のように銭湯に通うということは、金銭的にも時間的にも不可能に思える。

古代ローマの水車

古代ローマ人は、効率性を求め、水を動力として利用するために二つの方法を考えた。第一は、水を高い位置に押し上げ灌漑用水に使うことであり、第二は水の力を動力として使い、小麦の脱穀・製粉や鉱石の破砕等に使うことである。

・灌漑用水車とポンプ

ウィトルーウィウスの「建築書」第10書に、水車式揚水装置の仕組みについて、「この車輪の面に沿ってヒレが取り付けられ、それが流水の力に押される時、前進して車輪に回転を強いる。こうして車輪は(水を)枡で汲みあげ、足踏み仕事をせずに流水の力そのもので廻されて、それを頂上に運び、所要の効果を達成する」と記述されている。このように、川の水を高地に汲み上げ、灌漑等に使用していた【図37参照】。古代ローマの主要食料である小麦は、主にシチリアやエジプトで生産され、船でローマに運ばれた。ローマ近郊では小麦の耕作は少なく、灌漑施設はあまり建設されなかったようである。

水車式以外の揚水装置にアルキメデス・ポンプがある。アルキメデス(紀元前二八七年〜紀元前二一二年)がエジプト滞在中にポンプを発明したといわれており、灌漑用として、ナイル川の水を汲み上げたり、スペインの鉱山の排水に使ったりした。非常に少ない人数で、容易に水を汲み上げることができたと記述されている。アルキメデス・ポンプは、スクリューと円筒で構成された簡単な構造のため、水のみでなく、液体と固体の混合流体の搬送やコンクリートの練混ぜに、現在も使われている【図38参照】。

・製粉用水車

帝政ローマの時代、風刺詩人ユウェナリスは、ローマ市民に対する福祉政策を「パンとサーカス」と揶揄していた。当初、ローマ市民には小麦が供給されていたが、二世紀末以降、小麦に代わってパンの供給が行われるようになった。このため大量の小麦の脱穀・製粉が必要となり、一〇〇万人都市ローマを賄う、脱穀・製粉施設が建設された。

フランス・アルルの東約一五キロにあるバルブガルに、ローマ水道と製粉所があった【写真43参照】。

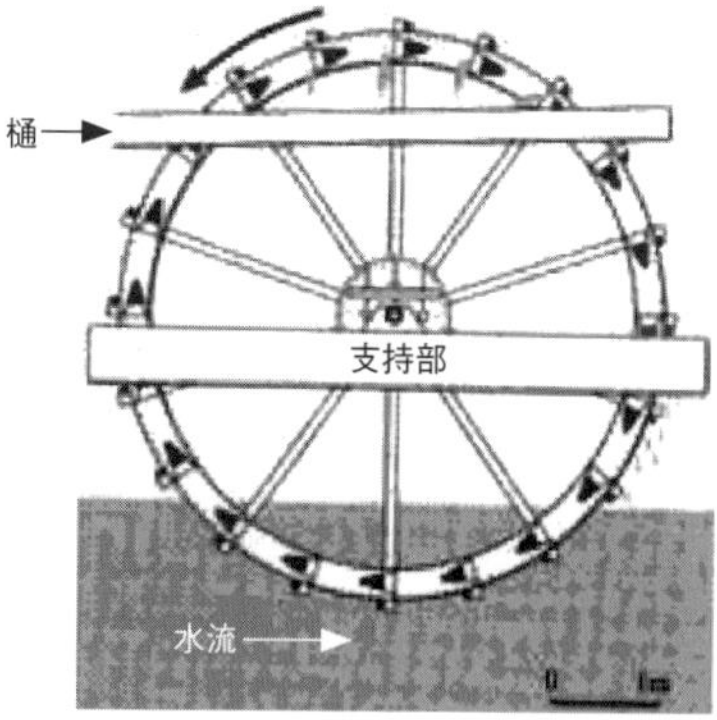

図37　水車式揚水装置

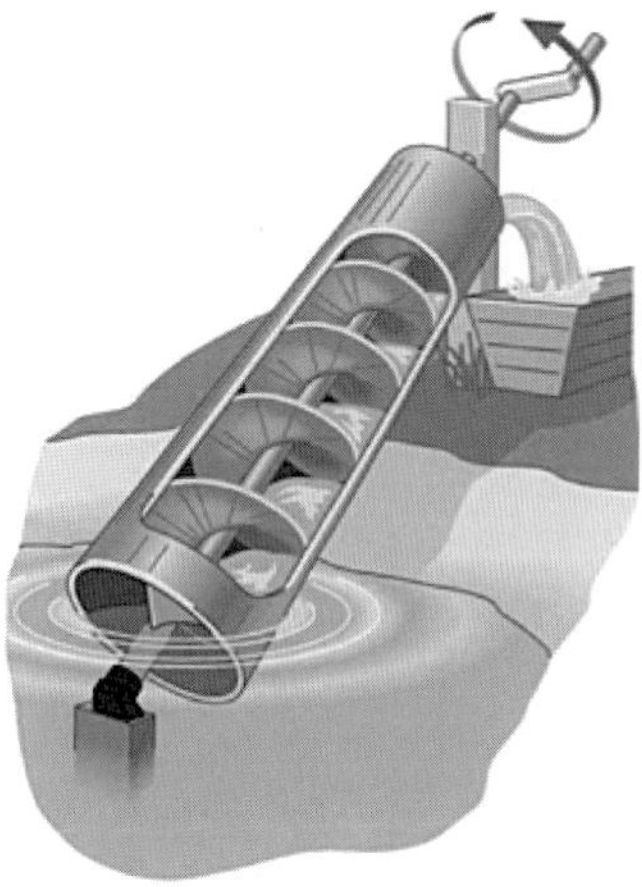
図38　アルキメデス・ポンプ

写真43　バルブガルの復元模型

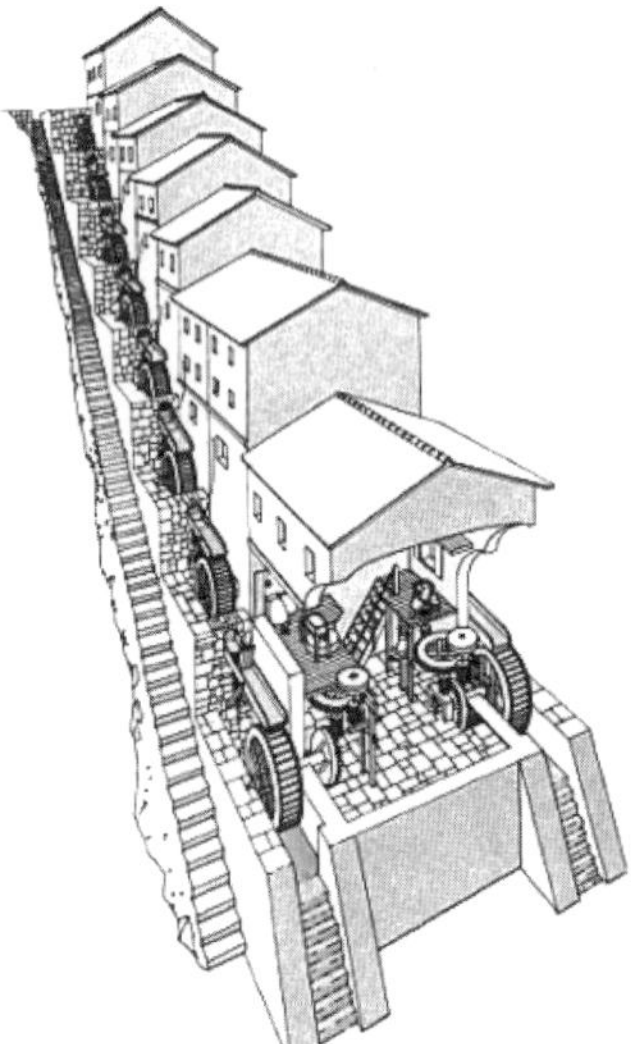
図39　バルブガルの想像図

二世紀頃に建設されたといわれ、遺構が比較的良い状態で保存されている。**【図39】**に示すように一六台の水車を組み合わせ、一台の水車に二個の石臼を連動させて、合計三二個の石臼を動かしていた。一時間当り一対の石臼(＝一台の水車)で、一五〇〜二〇〇キログラムの製粉ができたといわれている。一時間当り二・四〜三・二トンの小麦を碾き、一日一〇時間稼動と仮定すると、一日に三〇トンの小麦粉を生産することができた。

「プリニウスの博物誌」に、「裸の棒と水の流れで動かす車輪と、石臼が、イタリアの大部分で使用されている」と記述されているように、水車式の脱穀機が使用されていた。また、ウィトルーウィウスの「建築書」第10書には、「水車では、軸の一方の端に歯形を付けた円盤が嵌め込まれているのを除いては、すべてが(水揚げ車と)同じである。この円盤は歯形を成して垂直に置かれ、車輪とともに等しく回転する。この円盤に接してこれよりも大きい同じ歯形を付けた水平の円盤が

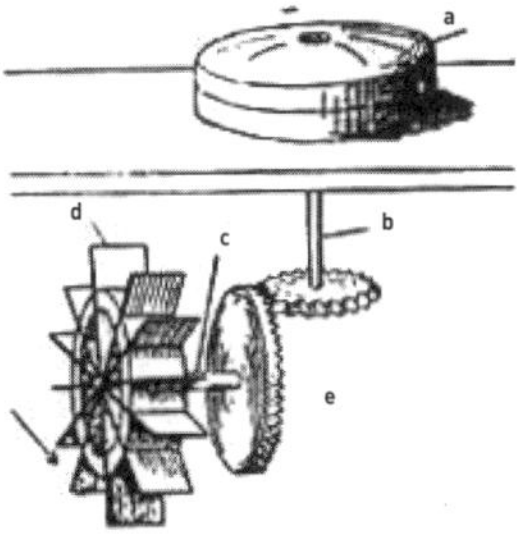

図40　建築書の製粉機
a：石臼
b：竪回転軸
c：横回転軸
d：水車
e：歯車

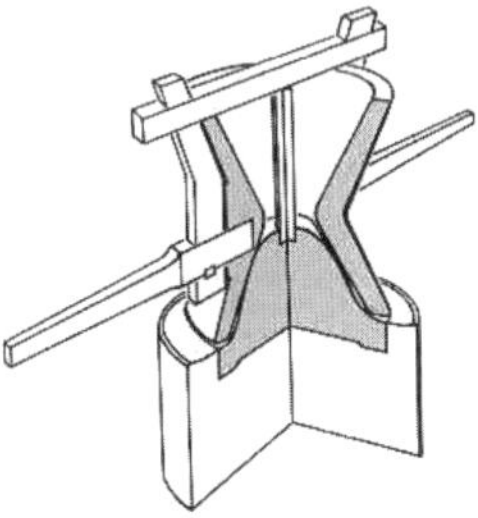

図41　製粉機の機構（クサンテン）

置かれ、それに噛み合わされる。こうして、軸にはめ込まれている円盤の歯が粉碾き臼を強制的に回転させる。この器械に被さっている漏斗は碾き臼に小麦を供給し、臼の回転によって粉が仕上がる」と水車式製粉機について詳細に記述している【図40、41参照】。

製粉能力については、【図41】に示すような製粉機を人力で回すと、一人一時間当り約三・五キログラム、ロバだと一頭一時間当り一五〜二〇キログラム程度であり、水車を利用した製粉装置の威力がわかる。

二世紀中頃の首都ローマには、一〇〇万人が住んでおり、一人一日当り三五〇グラムの小麦粉を食べると仮定すると、一日に三五〇トンの小麦粉が必要となり、バルブガルの施設が一二基分程度必要となる。バルブガルの製粉装置は、基礎部分が四二メートル×二二〇メートルの広さであり、一二基分では約一ヘクタールが必要であった。さらに、脱穀装置を考慮すると、脱穀・製粉でかなりの広さを使用していたものと思われる。

水車は、小麦の脱穀・製粉以外にクリーニングにも使われていたのではないだろうか。皇帝ウェスパシアヌスが、クリーニング業者の小便用の壺に課税したことは第一章で述べた。この時代にはすでにクリーニング業があり、大量の洗濯物を取り扱っていた。効率性を求める古代ローマ人が、大量の洗濯物を手洗いしていたとは考えられないので、水車の回転を利用して洗濯をしていたのではないだろうか。

第五章

大規模な施設は、どのように造られたのか

古代ローマの水道建設技術の話

古代ローマ時代には、現代のように高性能の機械も素晴らしい材料も、コンピューターもなかった。そのような状況で、水道や浴場や下水道等のインフラを建設したのは大変なことである。現在の技術では想像もつかない苦労があったであろう。しかし、建設に要した期間は決して長くはなかった。なかには現代の建設技術で造られた構造物と、その建設速度は遜色のないものもある。中世や近世の、パリのノートルダム寺院やミラノ・ケルンの大聖堂の建築のように、一〇〇年以上の歳月をかけて造るような悠長なことはしていない。もっとも、これらの大教会建築は、資金の工面に時間が掛かったのだろう。それでは古代ローマ人は、大規模な施設をどのようにして造ったのだろうか。すなわち水道の建設技術。これが序章で提起した第六の疑問である。

この章では、この疑問を解明するため、水道建設に必要な要素技術として、測量・コンクリート技術、応用技術としてトンネル・橋梁・サイフォン・大地下貯水槽の建設技術を紹介する。これらは若干専門的になるが、一読すればより深い理解が得られるはずである。

測量技術

測量ができなければ構造物は造れない。水道建設で最も大切なことは、水路の高さを決めることである。ヴィルゴ水道は、距離一〇〇〇メートルで一九センチメートルの勾配である。この勾配(=高さ)をどのように求めたのか、ウィトルーウィウスの「建築書」の第8書に次のように書き記されている。

「コーロバテースは長さ約六メートルの直棒である。それは両端に同じように造られ、かつ直棒の頭に直角に取り付けられた腕木を持つ。……上面に長さ一・五メートル、幅一・九センチメートル、深さ二・八センチメートルの溝が彫られる。そして水が溝の上縁に等しく触れるならば水平であると認められる」。まさしく現在の水準器と同じである。ただし、コーロバテースは長さ六メートル【図42参照】。現在の水準器は長さが約三〇センチメートル、精度は一メートルの距離で〇・一ミリメートルである【写真44参照】。コーロバテースによる高さの測量方法は、現在の「レベル」という水平を測る測量機器での測量方法と同じである【図43参照】。しかし、この重たい棒の移動と、水平を出すための腕木の高さ調整は、大変なものだったと思われる。

トンネルでは、竪坑地表部に仮の高さを設け、それを基準に鉛直距離を差し引いて、竪坑底の高さを確定する。「建築書」の第8書に、「竪坑間隔を約三六メートルとすべきである」と記述されている。ヴィルゴ水道では竪坑間隔を三六メートルとすると、隣接する二つの竪坑の水路高さの差異はわずか七ミリメートルである。現代では「トータル・ステーション」と呼ばれる測量機器

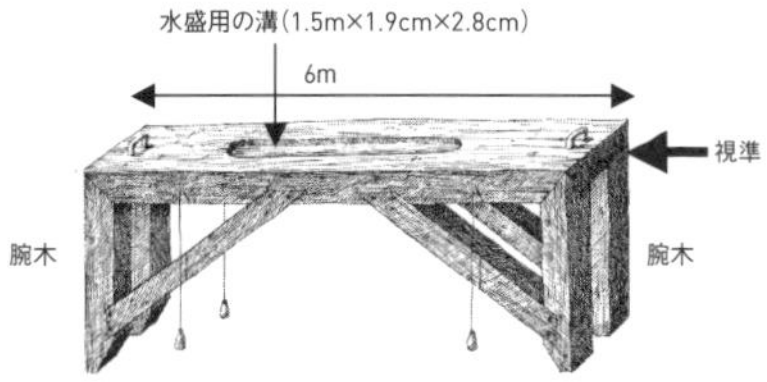

図42　コーロバテース

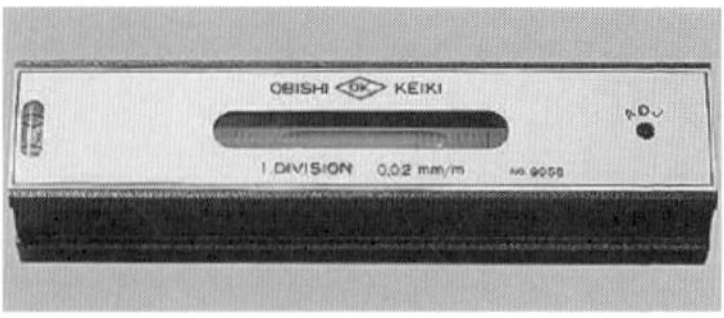

写真44　現代の水準器(長さ30cm)

があり、距離が一〇〇〇メートルであっても一回で計測でき、その精度はｘｙｚの三方向ともプラスマイナス一五ミリメートル程度である。一方、コーロバテースでは、何回も移動しなければならない。トータルステーションを見通しの利く高い位置に設置すれば、各竪坑の座標を短時間に決定できるのである。時代が違うといえばそれまでだが、現代の測量方法は大変楽になった。

水路の方向については、「グローマ」と呼ばれる、直角な腕木と四つの下げ振り（錘つき※）の付いた機器を使用した【図44参照】。目標の方向に対角の二本の下げ振りを合わせ、この二つの下げ振りを目で視準して方向を決める。

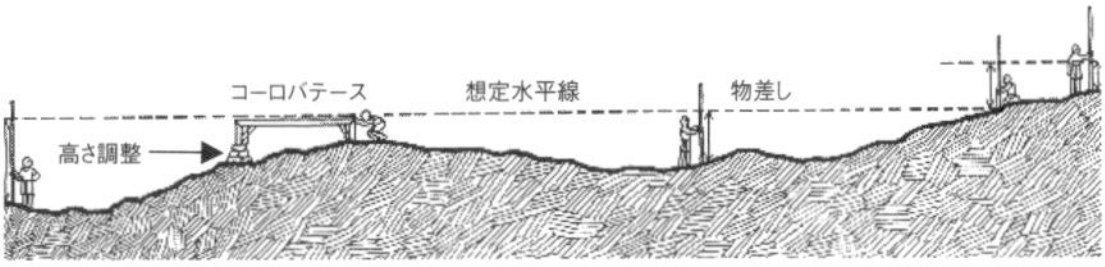

図43　コーロバテースによる高さの測量

図44　グローマ

コンクリートの発明・発見

・石造り構造物とコンクリート造り構造物

ローマ人は、大きな建造物を造るのが大好きである。アッピア街道をはじめとする、延長約八万キロメートルにも及ぶローマ街道、ポン・デュ・ガール等の橋を含むローマ水道、コロッセオ等の円形闘技場、カラカラ浴場等の公共浴場、そしてパンテオン等の建築物。これらは長大であったり、巨大な建造物

写真45　パルテノン神殿

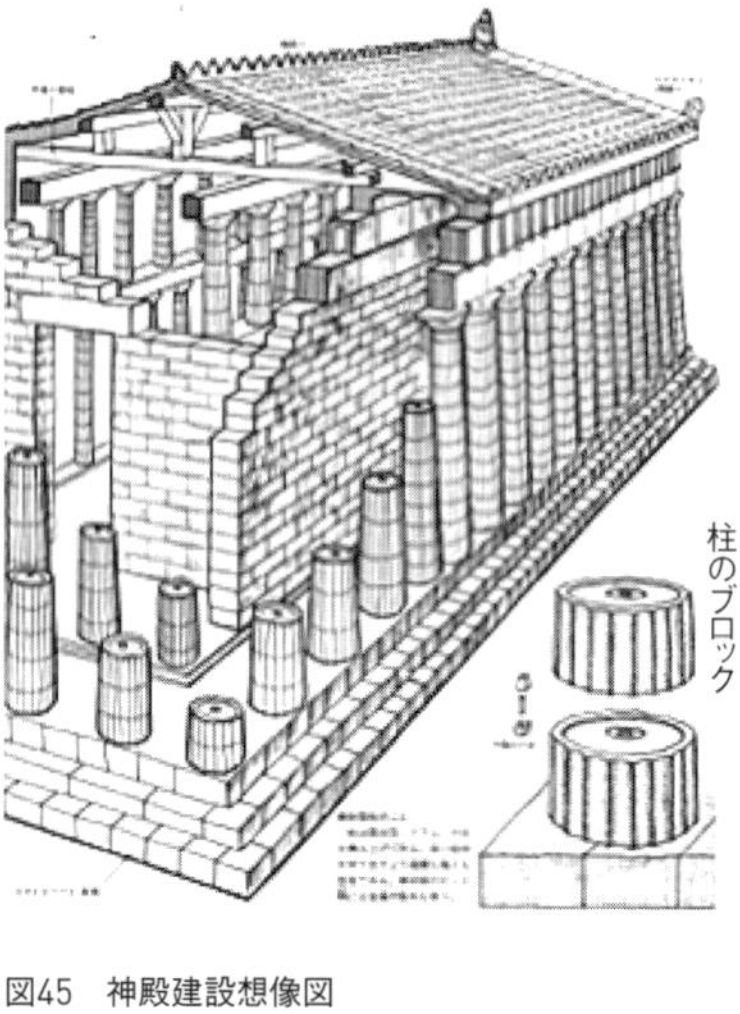

図45　神殿建設想像図

であったり、規模の大小はあっても、古代ローマ領土内の至る所に構築された。

古代ローマ以前、エジプトではギザのピラミッド、ギリシャではパルテノン神殿等の巨大構造物が建造された。これらは石切場で石材を切断・加工し、それを建設場所まで運搬し、梃子やクレーン等で積み上げ構築した。石と石の僅かな隙間は漆喰を詰めていたようである。古代ローマ人の素晴らしさは、アーチ構造の多用とコンクリートの発明・発見である。

まず、アーチ構造のメリットとは何か。説明のために、パルテノン神殿【写真45】を例に、石造り構造物の建設方法を示す【図45参照】。例えば、柱の直径を一メートルとして、高さ二メートルの石のブロックを積み重ねると仮定する。クレーンは約四トンの吊能力が必要である。石を積み重ねた時には、隙間ができないようにしなければならない。したがって、石の切断・加工に多数の熟練

写真46　パンテオン

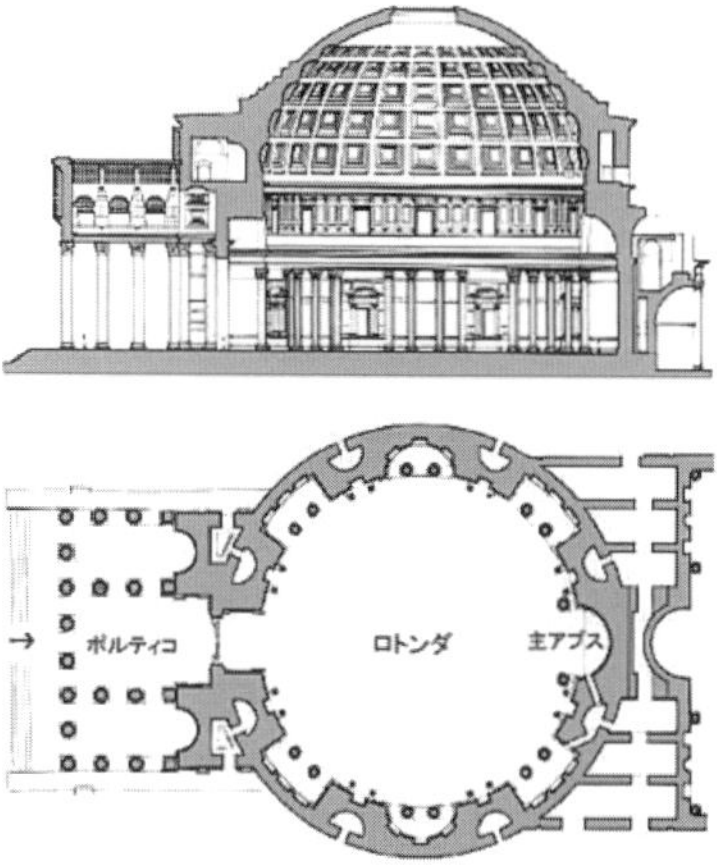

図46　パンテオン構造図

工を必要とするとともに、運搬には大型の設備がいる。また、柱の頭部を連結する梁は、柱間隔を大きくすると巨大な構造になり、これを架設するために大型クレーンが必要となる。大型クレーンの使用を避けるには、柱が林立した構造となる。一方、柱頭の連結にアーチ構造を採用すると、アーチ内部のコンクリートや石材に有害な引張り力が発生しないため、大きな柱間隔が可能になる。その代表例が、コンクリート製のドーム、パンテオン（ドームの直径と高さは四三メートル）である【写真46、図46参照】。

パンテオンは、ハドリアヌス帝が再建した。大ドーム構造物が約二〇〇〇年も建っていることが驚異であるとともに、どのように造ったかというのも驚きである。コンクリートは、製造も運搬も人力であり、製造後時間が経てば固まってしまうため、一時に大量のコンクリートを打設できない。したがって、コンクリート同士の打継目が沢山できる。現代の考え方では、「打継目」＝「弱点」だらけのコンクリート・ドームである。それが約二〇〇〇年も聳え建ち続けるなど信じられないことである。打継目を弱点とはしていないのだ。もしかすると、現代のコンクリート技術者よりも優れた知識を持っていたのではないだろ

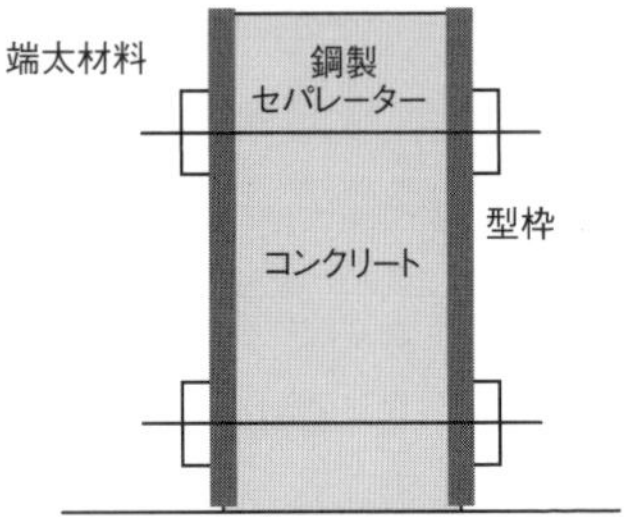

図4　型枠とコンクリート（現代のコンクリート打設）

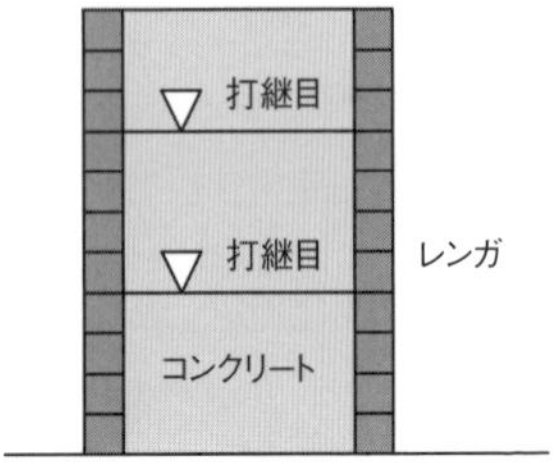

図48　レンガの型枠とコンクリート
（古代ローマのコンクリート打設）

うか。そう思いながら、パンテオンのドームの頂に開いた、オクルス（ラテン語で「目」の意）から射す光とその影を見ていると、古代ローマの技術者の頭の構造はどうなっていたのだろうかと、思いを巡らせてしまう。

石造り構造物に比較して、コンクリート構造物の建設方法の優位性とは何であろうか。コンクリート構造物を構築するのには型枠がいる。【図47】に示すように、現在では木製、あるいは鋼製の型枠を、その外部に配置する端太材料と内外の型枠を結ぶ鋼製セパレーターで組み立て、型枠内部にコンクリートを打設する。一方、古代ローマ時代には、カラカラ浴場やポンペイ遺跡の柱や壁のように、レンガを型枠にして内部にコンクリートを打設したものが多い【図48、写真47、48参照】。ただしこの場合、現代のようなセパレーターがないので、一回当りのコンクリートの打設高さは低くなり、水平打継目の数は多くなる。

レンガの型枠とコンクリート、およびアーチ構築用の木製支保工を採用することにより、大型のクレーンは必要なく、吊能力数百キログラムの小型クレーンでも構築可能である。この時代の一般家屋はレンガ積み構造が多かったため、レンガ職人は多数いた。レンガ職人、足場を組む鳶工、コンクリート打設のための非熟練工、そして小型のクレーンで、大型の構造物建設が可能となった。早く・安く・大量に造れたのである。従来の石造り構造物に比べて、コンクリート構造物の建造には、石の切断・加工の熟練工と大型クレーンが必要なくなったのだ。まさに革命的手法である。

　また、強度の期待できない漆喰に代わり、コンクリートから砂利を抜いた「モルタル」という材料が使用されるようになり、強度の期待もできるようになった。若干雑に切り出された石と石との隙間にこのモルタルを詰めることにより、耐久的で見た目にも美しい、石・コンクリート併用構造物、例えば、数多くのローマの水道橋を造ることが可能になった。ともかくコンクリートの発明で、耐久的構造が非常に広がったのだ。

・コンクリートの発明・発見

「技術の歴史」を著したフォーブスは、「ギリシャの科学者は手仕事に嫌悪感を持っていて、これに従事しなければならない人々をいやしんだ。彼らは理論を愛好した。……どの古典時代の著作にも『科学者』という語はなくて、『哲学者』という語が代わりに使われている。……なんといっても、古代の最も優れた技術者はローマ人であった。……ローマ人はその心情において最後まで農民であった。彼らの精神は科学的ではなかった。彼らの科学は大部分がギリシャのものであるか、あるいは、ギリシャの魂を吹き込まれたものであった。……コンクリートの発明とその建築・土木技術への応

写真47　カラカラ浴場のコンクリート

写真48　ポンペイの柱

用は、ローマ人に帰せられる唯一の大発見である」と記述している。すなわち、科学的独創性の乏しい古代ローマ人の唯一の大発明・発見が、コンクリートなのだと述べている。

コンクリートの発明・発見について、ウィトルーウィウスは、「建築書」第2書に「自然のままで驚くべき効果を生ずる一種の粉末がある。これはバーイエ一帯(ヴェスビオス山から北西に約三〇キロメートル)およびヴェスビオス山の周囲にある町々に産出する。これと石灰および割り石との混合物は、他の建築工事に強さをもたらすだけでなく、突堤を海中に築く場合にも水中で固まる」と記述している。そして驚くべき粉末の効果の由来も書き示している。

その粉末とは火山灰で、現在「ポゾラン」とよばれるセメントの一種である。ポゾランの名は、バーイエ地方の古くからの主要港湾都市、ポッツオーリ(ナポリから西方約一五キロメートル)の名に由来している。ポッツオーリのすぐそばに、地獄谷のような噴気孔がたくさんある。ポッツオーリは人の往来の多いところであったので、セメントは発見されるべくして発見されたのであろう。余談だが、このポッツオーリのマーケットが凄い。二月に行くと、ムール貝だらけ、しかも二キロで約二ユーロと安い。ナポリの白ワインとともに食べだしたら止まらない美味である。

セメントの発見は、古代ローマ、グラックスの時代(紀元前一三三年〜紀元前一二一年)といわれている。火山灰はバーイエ・ヴェスビオス山一帯のみならず、ローマ近郊等の火山地帯に多くあり、手軽に利用できた。また、石灰は古くから利用されている建築材料である。したがってローマやナポリでは、コンクリートを構成する三つの材料を手軽に入手できた。火山灰を入手できないところでは、焼成煉瓦の粉末を代用品として使用した。これは現代のセメント製造方法に似たものである。

現在のセメントの製造方法は、一八二四年イギリスのアスプディンが発明した。石灰石・硅石・粘土および鉄原料の混合物を、炉の中で約一五〇〇度の高温で焼成し、さらに石膏と混合し粉砕することによりセメントができる。セメントのルーツは諸説ある。約九〇〇〇年前の新石器時代、イスラエル・ガラリア地方のイェフターの住居の床と壁に、石灰岩をベースにした、セメントと石灰岩を砕いたものを混ぜたコンクリートが使用された。また、紀元前三〇〇〇年頃の中国では、西安に近い大地湾の大型住居跡で、床面にコンクリートと類似したものが使用されたが、これらは構造物の主要材料として使われたものではないため、その使用量は少なく、強度も弱く、大気中でしか固まらなかった。

古代ローマの素晴らしさは、コンクリートを大量使用したということである。ウィトルーウィウスが記述しているように、コンクリートは強い強度が得られ、水中でも固まった。この特長を活かして、パンテオンに見られる巨大コンクリート・ドームの構築や多くの水道橋、カラカラ浴場等の浴場、ローマの外港オスティア港等のコンクリート構造物が、領土内各地に数多く造られた。中でも特筆すべきは、古代ローマの動脈であるローマ街道の基部にモルタルやコンクリートを使用し、壊れにくく強固にしていることである。まさに古代ローマのインフラの主役であった。コンクリートの発明・発見がなかったら、古代ローマの様相は大きく変わっていただろう。

トンネル

ローマ水道の八五％は地下水路である。地下水路にした理由は、水道の安全確保および外敵侵入時の水道の防衛の容易さとともに、トンネル掘進が速かったことによる。

・トンネル掘削技術

トンネルの建設技術は、橋梁の建設技術等とともに、古代エトルリア人より受け継いだ。紀元前八世紀には、現在のイランに当るペルシャで地下水道(カナート)が造られ、灌漑等に利用されていた。この技術も古代ローマにも伝えられたものと思われる。まだ火薬が発明されていないので、トンネル掘削はノミ(楔)とツルハシによる人力掘削であった。岩が軟らかい場合はよいが、硬い場合は大変であった。硬い岩の掘削は、まず切羽(作業場所)で火を焚き、岩盤を膨張させ、そこに水をかけることにより岩盤を急冷させる。すると急収縮が起こり、クラック(割れ目)が発生する。そこに楔を打って掘削したのだ。また、水路が地表部より浅い場合は、クロアカ・マクシマと同様に、開削をして、そこに石・レンガ・コンクリート等で水路を造る。水路の頂部はアーチ形状とした。

トンネル部延長が約六三キロメートルの旧アニオ水道、約八〇キロメートルのマルキア水道が各々三年間、四年間と驚くべきスピードで完成している。なぜトンネルの水路建設が速いかというと、以下の理由がある。

① トンネル＝水路であり、水道建設で本体(水路)部分でないのは竪坑のみである。一方、水道橋の場合、橋梁の上に水路を設置するので、水路部分以外の工事の施工数量が非常に多いのである。

② 竪孔を近距離間に設けることにより、多数のトンネル掘削チームが作業することができる。さらに一つの竪坑から、上下流二方向に同時に掘進が可能である。したがって作業員の数が多ければ、全線同時で工事着手ができるため、急速施工が可能である。例えば、一〇キロメー

トルのトンネルで、三六メートル間隔に竪坑を設けたとすると、横孔の切羽は五五四カ所となる。作業員と技術者の数が十分ならば、同時に五五四カ所での掘進ができるので、短期間で建設が完了する。

③トンネル建設は、基本的に昼夜作業が可能である。一方、橋梁建設は基本的に昼間作業となる。

したがって、トンネルは意外に急速施工に向いていたのである。

・カナート

「カナート」とは、イランの乾燥地域にある地下水道である。同様のものがアフガニスタン、パキスタン、ウズベキスタン、新疆ウイグル自治区などにあり、「カレーズ」ともいう。山麓の扇状地等の地下水を水源とし、蒸発を防ぐために地下に水路を設けた。山麓に掘られた最初の井戸で、水を掘り当てたその地点から横坑を伸ばし、水路が地表に出る場所には、耕地や集落のあるオアシスが形成されている。

写真49　トンネル（ニーム水道）

水路の途上には、地表から工事用のたて井戸（竪坑）が掘られ、完成後は修理・通風に用いられる【写真50参照】。竪坑は三〇～五〇メートルくらいの間隔で造られ、最深で約三〇〇メートルのものもある。カナートは山間部で五〇～五〇〇メートル、長いもので全長七〇キロメートル【図49参照】。イランには約三万～五万本のカナートがあるといわれている。カナートの起源は明らかではないが、紀元前八世紀にはカナートによる灌漑が行われていた。古代ペルシャ帝国（アケメネス朝　紀元前五五〇年〜紀元前三三〇年）は、カナートがなければ存在しなかったともいわれている。

カナートの掘削の様子を【図50】に示す。横坑掘削では基本的に、五人の作業員が一組となる。テヘラン近郊の延長約六キロメートルのカナートでは、竪坑掘削は一日一班の作業で、平均掘削速度が一日当り三〜四メートル。横坑掘削は同様に一日当り二〜四メートルであった。当然これらの速度は、土質、岩質、断面積によって大きく変わる。

写真50　カナート竪坑

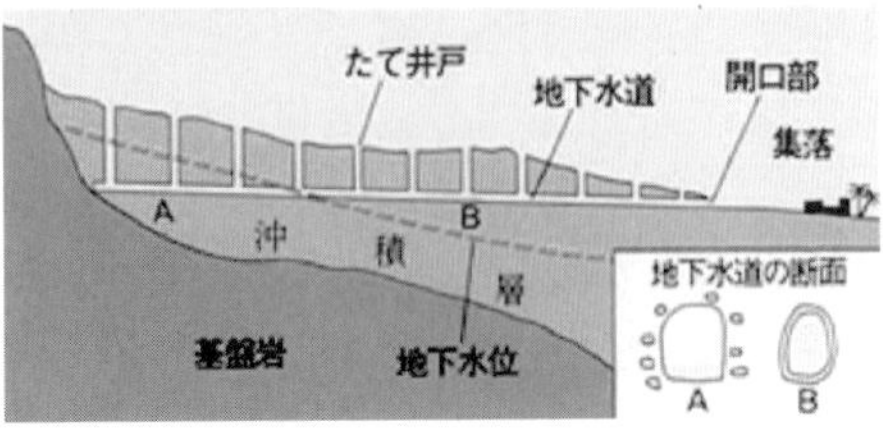

図49　カナート概念図

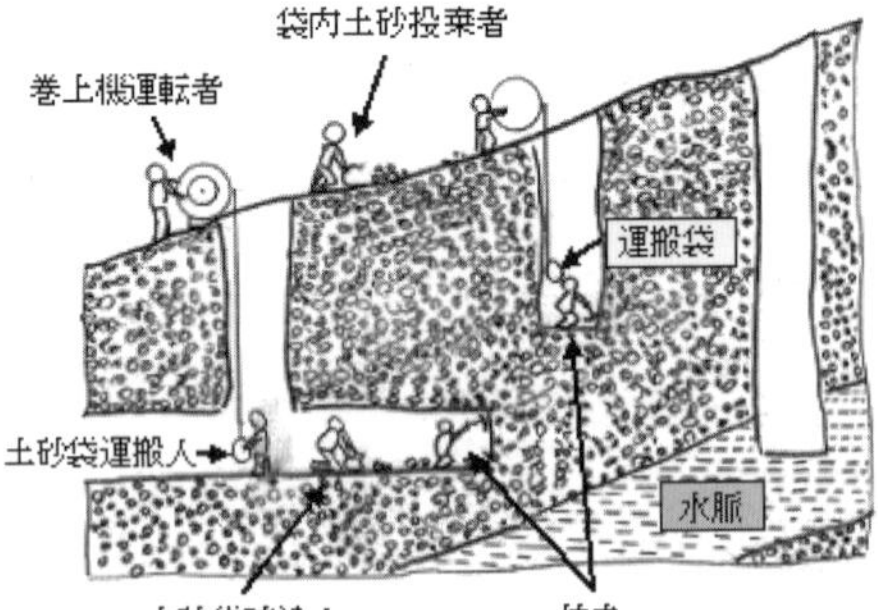

図50　カナート掘進作業図

橋梁

深い谷を越えるには水道橋が必要である。橋梁技術も古代エトルリア人から学んだといわれている。代表的な石造りの水道橋は、ポン・デュ・ガールおよびスペイン・セゴビア水道橋（一〇〇年頃建造。高さ二八メートル、長さ七二八メートル、写真51）である【図51参照】。一方、石・コンクリート併用造りの代表例は、クラウディア水道橋をはじめとしたローマ近郊の水道橋である。建設時は石積みが主体であったが、コンクリートで補強したものが多い。何しろイタリアも名だたる地震国である。

ポン・デュ・ガールは、全長四七〇メートル、高さ四九メートルの三層の石造りアーチ橋である。ポン・デュ・ガール博物館によると、体積二万一〇〇〇立方メートル、約二万個の石があり、石の大きさは最大六トンで、基部は大きく、上部は小さくなっている。ここでポン・デュ・ガールの建設方法を説明する【写真52参照】。

現在では作業半径が五〇メートルを超えるタワークレーンもあり、五基用意すれば、一年半程度で建設可能である。一方、古代ローマ時代のクレーンは木製で、クレーンのブームは基本的に旋回も起伏も困難である。したがって、橋梁躯体脇に設置されたクレーン用架台の上を、移動用のそりに乗って移動しなければならない。パルテノン

写真51　セゴビアの水道橋

図51　アーチ支保工

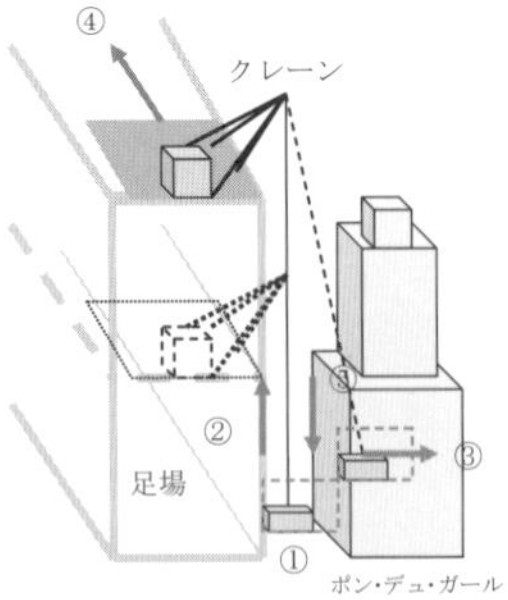

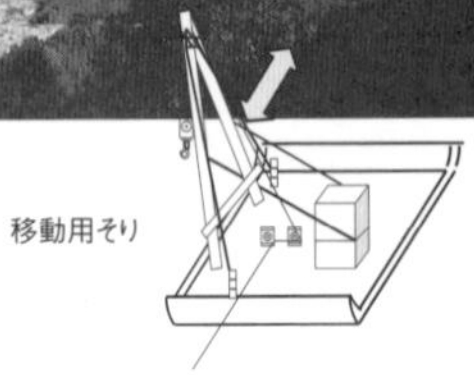

写真52　ポン・デュ・ガールの建設想像図

写真53　クサンテンのクレーン

神殿建設想像図【図45】に示すような大型のクレーンは、重さ、大きさの点で困難である。クレーンの動力は人力であるので、吊り上げ力を大きくするため、滑車をいくつも組み合わせた。最上部の石のブロックの吊り上げは一個当り三〇分程度かかったものと思われる。木製クレーンを一五台使用したとしても、五年程度の期間がかかってしまう。【写真53】に示すクレーンはクサンテンの実物大復元模型で、ウィトルーウィウスの「建築書」第10書に記述されているものに近い。

ポン・デュ・ガールには、川の中に橋脚がある。約二〇〇〇年の間には大洪水もあったはずであるのに、現在でも、何もなかったかのように聳え建っている。建設技術だけでなく、洪水対策技術もどうなっていたのかと思う。まさに「悪魔が造った橋」といわれるだけのことはある。

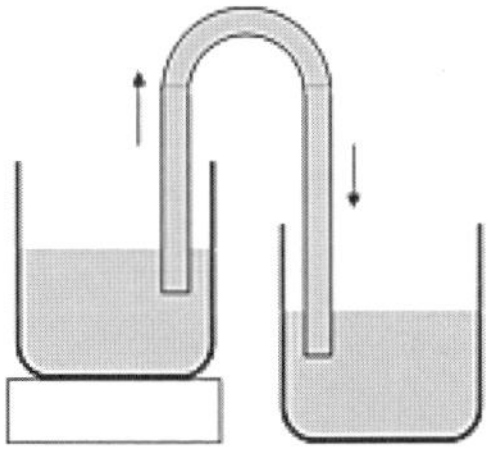

図52　サイフォンの原理

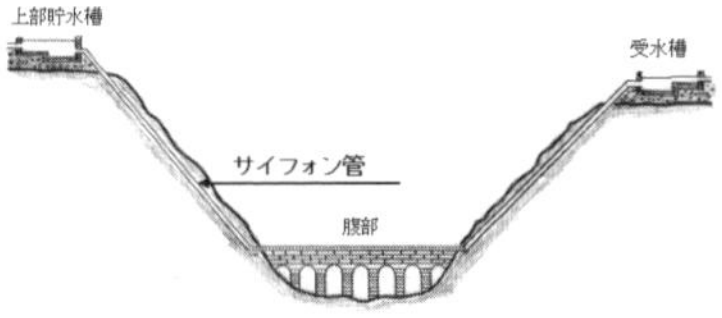

図53　ジェー水道のボーナンの逆サイフォン

サイフォン

深い谷の横断には、橋梁でなく逆サイフォンを使用した事例がある。サイフォンとは【図52】に示すように、隙間のない管を利用して、液体をある地点から目的地まで、途中、出発地点より高い地点を通って導く装置である。反対に、谷越えのように低い箇所を通る場合を逆サイフォンという【図53参照】。

ウィトルーウィウスは「建築書」第8書で、逆サイフォンの建設について、「もし谷がずっと連続しているならば斜面に沿って導かれる。谷底まで来た時、できるだけ長く水平が保たれるように、あまり高くない支持構造物(腹)で支えられる。……次いで向こう側の斜面に来た時、長い区間の腹から静かに盛りあがって丘の高みに押出される」と記している。フランス・リヨンのジェー水道、ボーナンの逆サイフォンは、この記述のとおりである。

ジェー水道は四つの逆サイフォンがあり、最も深いのは一二三メートル、延長は二・六キロメートルある【図54参照】。またトルコのペルガモンでは、標高三七五メートルから三三二メートル地点に送水するために、深さ一七二メートルの谷を逆サイフォンで通過している。

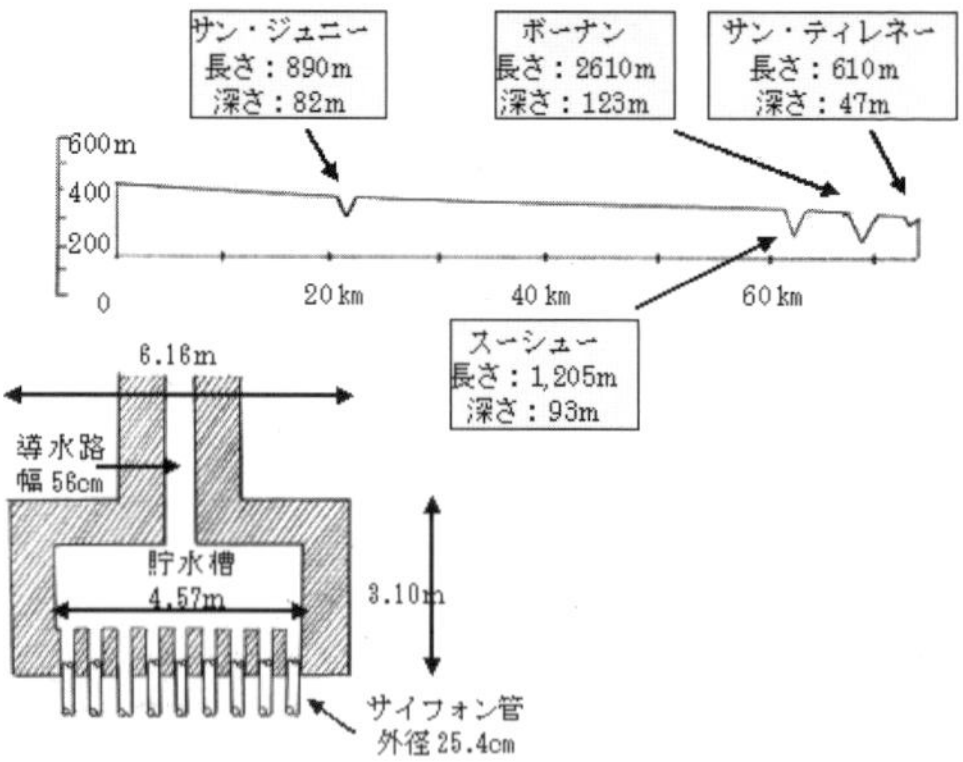

図54　ジェー水道とスーシューのサイフォン上部貯水槽

ロンドン科学技術大学のN・スミス教授は、「谷の深さが五〇メートル程度までは水道橋が、それより深くなると逆サイフォンが使用された」と説明している。この時代、鉄は存在したが、太径パイプの加工技術はまだ確立されておらず、加工しやすい鉛管を使用した。ジェー水道では、幅五六センチメートルの導水路でスーシューの逆サイフォンに送られた。まず水は貯水槽に貯められ、ここから九本のサイフォン管で谷を越えた。

サイフォン管は外径二五・四センチメートルと推定され、鉛の引張強度を一平方センチメートル当り一四〇キログラム、安全率を二とすると肉厚は一・九センチメートルとなる。一メートル当りの鉛管の重量は一五九キログラム。二人でやっと持てる重量である。スーシューの谷の幅は一・二キロメートルで、鉛管の肉厚を変化させないとすると（実際は深さにより水圧が変わるので肉厚を薄くできる）、一七一七トンと莫大な量の鉛管が必要であった。貯水槽で九本の管に分けたのは、一本にすると直径が三倍の七六・二センチメートル、肉厚が三倍の五・七センチメートル、重さは九倍の一メートル当り一・四トンとなり、加工とともに運搬、接合が困難なためであり、賢い選択といえる。

この時代に、莫大な量の鉛を採掘・精錬し、鉛管として使用したことは、コンクリートの使用とともに、古代ローマの技術力の高さを物語るものである。これを示すように、長谷川岳男らは、「古代ローマを知る辞典」の中に、「紀元前九六二年から一五二三年のグリーンランドの氷の分析から、鉛の含有比率は紀元前一世紀が最大で、この期間これを上回ることはなかった」と記述し、古代ローマでいかに多くの鉛が使用されたかを示している。

大地下貯水槽

・ピスキーナ・ミラブル

「博物誌」を著したプリニウスは、ナポリの西北西約二〇キロメートルにある、ミセノのローマ海軍地中海艦隊司令長官であった。そのミセノに、アウグストゥスの時代に建設された、縦七〇メートル×横二五・五メートル×高さ一五メートル、容量一万二六〇〇立方メートルの艦隊給水用の大地下水槽がある。短時間で舟艇へ給水できるよう建設した施設であろう。「ピスキーナ・ミラブル（驚異の大貯水槽）」と呼ばれている【写真54参照】。今は住宅街になっている丘の中腹に、地下水槽への入り口がある。地元のおばさんが管理人になっている。鍵を開けてもらい、階段を降りると、

写真54　ピスキーナ・ミラブル（天井の明かりは、竪坑跡と思われる）

そこには柱が四列×一二列に配置され、天井のヴォールト（アーチ）を支えている。天井が何カ所か開いており、そこから射す光の薄明りに、柱と壁が浮かび上がる。何も知らされず中に入ったなら、その光景に肝をつぶすことであろう。まさに、驚くべき大地下水槽である。

凝灰岩を掘削し、柱および壁面は補強のためレンガで覆われ、防水漆喰が施工されている。凝灰岩は掘りやすいが、強度は十分とはいえない。したがって、柱の芯部は凝灰岩を残して、その周囲はレンガを型枠としたモルタルで充填したものと思われる。凝灰岩は、階段状にブロックを切出して、上部の開口部よりクレーンで搬出したのであろう。

一万二六〇〇立方メートルを六五区画（一三×五）に分けると、一区画当りの面積は二七平方メートル、体積は一九四立方メートルである。何区画ごとに開口部を設けたかは不明であるが、次項に示す大谷石採掘の効率で、一区画に三人の石切り工夫を二交代で作業した場合、約六五〇日で完了する。

管理人のおばさんは、見学中は無愛想であったが、帰りに一〇ユーロをお礼に手渡すと顔をしわくちゃにして感謝をしていた。滅多に見学者はないのであろう。ともかく不便なところであるから。

・大谷石の採掘

関東地方で塀等に広く使われている大谷石は、流紋岩質角礫凝灰岩である。手掘りの時代には、【写真55】に示すような順序で採掘していた。「六〇石」と呼ばれる、一八×三〇×九〇センチメートル≒〇・〇五立方メートルの石を一本掘るのに、三六〇〇回もツルハシを使ったとのことで、一日に石切り職人一人で一二本採掘したといわれている。ミセノに近いクーマ遺跡のシビラ洞窟の掘削には、同様の方法を採用していたことが記されている。大谷石の採掘跡の大空洞は、現在ではコンサートや結婚式にも使用され、幻想的でなかなかよいものである。

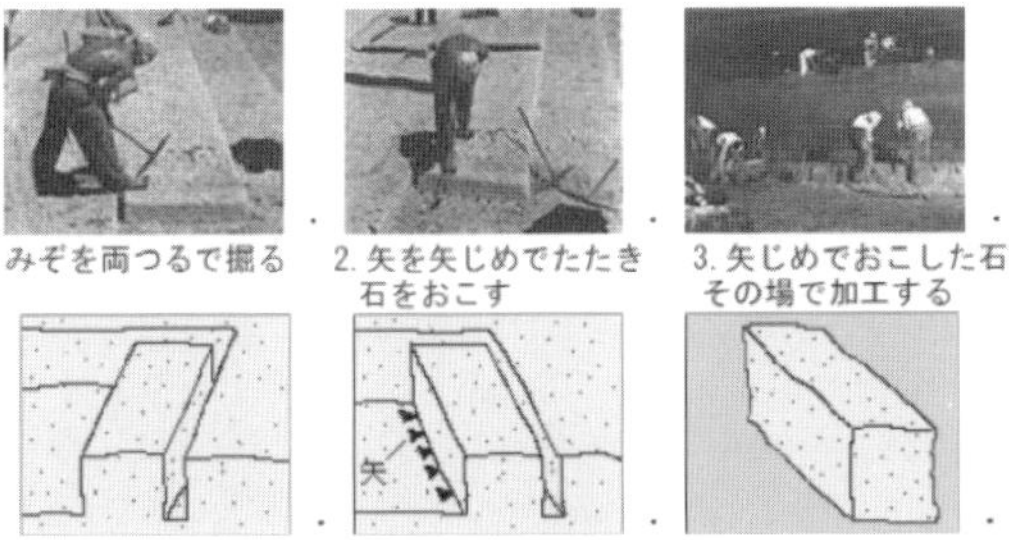
1. みぞを両つるで掘る
2. 矢を矢じめでたたき石をおこす
3. 矢じめでおこした石その場で加工する
矢
写真55　大谷石の手掘り採掘法（大谷資料館）

・イスタンブールの地下宮殿

東ローマ帝国の首都コンスタンチノープル（イスタンブール）に、「地下宮殿」の通称で知られるバシリカ・システルン（地下貯水

写真56　イスタンブール地下宮殿

槽・容量七万八〇〇〇立方メートル)がある【写真56参照】。皇帝ユスティニアヌス(在位五二七年〜五六五年)が、元々フォルム(公共広場)であったところを開削方式で掘り下げ、長さ一三八メートル・幅六五メートル・高さ九メートルの貯水槽を設置した。内部には、一列一二本で二八列、合計三三六本の大理石円柱がある。それぞれが煉瓦造のアーチ状の屋根を支えている。壁体は、水を通さない漆喰で覆われた厚さ四メートルの耐火レンガの壁に囲まれている。観光名所、イスタンブールの中心部にあるため、内部ではコンサートも行われるようで、ライトアップされ、水面に浮かぶ柱列は幻想的である。まさに地下宮殿の名に恥じない。トルコのワインを飲みながら演奏を聴いて、ローマ帝国の来し方を思い浮かべたいものである。

第六章

なぜ古代ローマは水道を最重要視したのか

水道を通して見たローマの繁栄

これまで、古代ローマの繁栄はローマ水道に負うところが非常に大きいこと、そしてその素晴らしさを述べてきた。ローマ水道は繁栄の必要十分条件ではないが、必要条件であった。序章で提起した、古代ローマがなぜインフラ整備に力を注いだのかという第四の疑問の解明。それとともに、古代ローマの繁栄を、ローマ水道を通して説明できないだろうか、というのがこの最終章のテーマである。

まず、古代ローマがなぜインフラ整備に力を注いだのかという第四の疑問を解く前に、第一章に記述した叙事詩「アエネーイス」で語られている言葉、「ローマ人よ、汝はもろもろの民を支配することを忘れてはならぬ。汝はそのすべを知るであろう。汝は平和に法を与え、降りし者を寛大に遇し、おごれる者を懲らしめたる者たることを記憶せよ」を思い起こして欲しい。支配であって、武力による占領ではなく、敗者同化政策である。古代ローマは武力により領土を広げたが、では、その領土をどのように経営したのか。

古代ローマは、領土の各地に殖民都市を造り、そこでは首都ローマと同等の快適な生活を保証した。そのため、様々な施設を備えた「ミニローマ」が各地に造られた。神殿には、ローマの神々だけでなく、征服された部族の神々も祀った。各種の施設は、征服民であるローマ市民のみならず、非征服民も容易に利用することができたので、人々は快適さを求めて都市に流入した。非征服民にとって、従来よりも良い生活環境を提供されれば、暴動や反乱の理由はなくなる。すなわち武力による支配でなく、インフラによる支配。このために為政者はインフラ整備に力を注いだのだ。これが第四の疑問に対する答えである。

次に、古代ローマの繁栄を、ローマ水道を通して説明できないだろうかという命題である。孟子曰く、「天の時は地の利に如かず。地の利は人の和に如かず」という言葉がある。戦で勝利するのに、「天のもたらす幸運は地勢の有利さには及ばない。地勢の有利さは人心の一致には及ばない」という意味であり、人の和、地の利、天の時の順であることを示している。この言葉から、キーワードに「人の和＝古代ローマ人の特徴」・「地の利＝ローマの地理」・「天の時＝時代」を選んで、ローマ水道を通した古代ローマ繁栄の理由を探った。

時代(天の時)

古代ローマは、王政時代(紀元前七五三年〜紀元前五〇九年)、共和政時代(紀元前五〇九年〜紀元前二七年)、帝政時代(紀元前二七年〜四七六年)の三つの時代に分かれる。古代ローマの存亡の危機は、いつであったのか。

時代を遡ると、一番目の危機に、マケドニアのアレクサンダー大王の脅威があった。大王の関心はマケドニアから東方であり、彼の東方遠征は紀元前三三四年～紀元前三二三年である。この頃、イタリア半島の都市国家ローマは、まだアッピア水道やアッピア街道もない小国で、資源や産物にも恵まれていなかったため、大王の興味をそそらなかったのである。

二番目の危機は、第二章で述べた紀元前二八〇年のヘラクレア（イタリア南部ターラントの近郊）の戦いで、エイペロス王ピュロスの軍にローマ軍が敗れた時である【図55参照】。ピュロスからのローマ軍退去の和睦提案を、老齢のアッピウスが元老院に乗り込み、提案拒否を指導した。この戦いは、ピュロスが都市国家ターラントに援軍として駆け付けたものであり、元々、王は乗り気ではなかった。

図55　エイペロス王との戦いとポエニ戦争位置図

三番目で最大の危機は、第二次ポエニ戦役で、カルタゴの将軍ハンニバルにイタリア本土を一六年間も蹂躙されたことである。特に山場は紀元前二一七年、ローマ北方約一〇〇キロメートルのトラジメヌスの戦いであった。カルタゴ軍の戦死者約二〇〇〇名に対して、ローマ軍の戦死者は約一万五〇〇〇人と、ハンニバルは大勝したが、ローマに進軍しなかったのだ。さらに翌年の紀元前二一六年、戦史に名高いカンナエの戦いで、ハンニバル軍の戦死者約五〇〇〇人に対して、ローマ軍の戦死者約六万人という惨敗を喫した時である。紀元前二一一年にはハンニバルは、示威行動ではあるが、少数の兵を率い、ローマの城壁から四・五キロメートル地点に宿営地を設け、騎兵を従え城壁周辺の偵察行を行った。本国カルタゴからハンニバル軍への支援は、一六年間でわずか二度しかなく、ハンニバルのイタリア侵攻は、カルタゴ本国の全面的支援を受けていたわけでなく、彼の独断専行の要素があった。カルタゴ本国がハンニバルに全面的支援を行っていたらどうなっていたかわからない。しかし、時代がローマに味方したことは間違いない。ローマは時の運を持っていたといえる。

ローマの地理(地の利)

「地理」とは、山川、海陸等、気候、地下資源等の状況を意味する。首都ローマは、水道を造るための地理的条件に恵まれた土地であった。

・山川・海陸等の状況

「ローマ建国史」を著述したリウィウス(紀元前五九年頃〜一七年)は、「神々や死すべき人間がここをわれわれの都市建設にふさわしい場所として選んだのには、理由がないわけではなかった。空気の良い丘に恵まれ、内陸部の生産物や海外からの輸入品を運んでくれる川の存在だけでなく、海からさえも不便をなんら感じないほど近くにあり、しかも外国艦隊が押し寄せてきても危険が及ばないだけの距離は保たれている。イタリアのまさに心臓部に位置したこの土地は、こうしたすべての長所によって、世界のどの場所にもまして発展を約束された都市と定義するにふさわしい土地なのである」と記している。地理的に海に面していないため、海洋国家のギリシャやカルタゴの侵略の対象にならず、しかもテヴェレ川の存在により産品の輸出入に便利であったので、地理的条件に恵まれていたといえる。

・気候

ローマの年間平均降水量は約六〇〇ミリメートルで、晴天が多く温暖な気候である。そこから陽気なローマ人気質が生まれたのであろう。一方、アニオ川等ローマ水道の水源地付近は、降雨量が年間一二〇〇ミリメートル程度あり、豊かな水資源を比較的近傍に得ることができた。近傍といっても、一番近いアッピア水道で一七キロメートル、一番遠いマルキア水道で九一キロメートルある。ともあれローマ水道を造る気候的条件に恵まれていたのである。

・地下資源

ローマ近郊は、地下の鉱物資源には恵まれていない。ただし、ローマ水道をはじめとする建造物の材料になる石や火山灰、粘土、木材は豊富であった。建設用石材のうち、凝灰岩と大理石はふんだんにあった。ローマやナポリ近傍の地質は火山性凝灰岩である。またアウグストゥス伝には、「ローマをレンガの街から大理石の街にした」と記述されている。その大理石は、ローマ東方約三〇キロメートルのティボリで大量に産出した。「トラベルティーノ・ロマーノ」の名で呼ばれるクリーム色の大理石である。そしてこの地は膨大な大理石を使用したコロッセオの石材の産地でもある。ちなみに、有名なバチカン・サンピエトロ寺院にあるミケランジェロのピエタ像に使用された大理石は、ローマから北西に約二〇〇キロメートルの、斜塔で有名なピサ近傍のカッラーラで採取された。この土地の大理石は非常に良質で、彫刻に最適である。

セメントの材料となる火山灰は、ローマやナポリ近郊の火山周辺に無尽蔵にあった。レンガの材料となる粘土も、毎年のように氾濫を繰り返したテヴェレ川筋で採れた。また、セメントやレンガを作る際の燃料となる木材も豊富であった。これらの材料が手近に得られたので、ローマ水道建設のための材料入手には困らなかったのである。

古代ローマ人の特徴（人の和）

古代ローマは、王政・共和政・帝政と、約一二〇〇年続いた。そして、都市国家ローマから世界国家ローマへと発展し、最後は蛮族の侵入により滅んだ。どの時代に着目するかで、古代ローマ人の特徴は大分違ったものとなるが、ここでは帝政ローマの創世（紀元前二七年）から五賢帝の時代が終わった頃（一八〇年）に焦点を当てる。この期間でも、賢帝あり、カリグラ帝（在位紀元前三七年～紀元前四一年）やネロ帝（在位五四年～六八年）のような暴君ありで、画一的な評価は難しい。しかし、長期にわたり世界帝国を維持したことは間違いない。

古代ローマ人の特徴は、遊び・生活を楽しむことであった。それも集団で、である。しかしそれが、古代ローマ人の和、国への忠誠心となったのではないだろうか。カラカラ浴場をはじめとする大浴場や噴水、模擬海戦用の巨大なプールの水を確保するためのローマ水道。それから、戦車競技場、円形闘技場や円形劇場等。遊ぶために膨大なインフラを造ったといっても過言ではない。

遊びとは、何をもって定義するかは難しいが、ここでは休日（祝祭日）の日数と労働時間数、そして日本人も大好きな「入浴」としてみよう。古代ローマと江戸時代、および現代の日本と比較すると、まず古代ローマでは、ユダヤ教やキリスト教のような、金曜日や日曜日といった定期的な休日はなく、休日とは祝祭日であった。C・フリーマンによれば、「ローマの都では、大きな祝祭日が日々の生活の上に規則性をもたらしていた。……総じて一年間に約一三〇日以上あった。

……これらの祭りのうち約半分は、種々の競技や見世物で祝われた」と、祝祭日の多さを述べている。文献によって祝祭日数に差異があり、確定的なことはわからないが、現代の日本にも劣らず、かなりの数の祝祭日があったことは間違いない。そして、皇帝、元老院議員、貴族、平民や奴隷も、座席は階級別ではあったが、戦車競技場、闘技場での観戦や、劇場での観劇ができた。そこで人々は、階級とともに、国家ローマへの帰属意識を確認させられたのである。

一般庶民の日常生活について、塩野七生は著書「ローマ人への二〇の質問」で、「日の出前に起床をして、食事をして、日の出とともに仕事を開始。正午か午後一時で仕事が終わり、軽い昼食の後、午後二時頃から開く公衆浴場に繰り出す。その後、一家で夕食をとる」と記述している。一日は、日の出から午後一時頃までの約六〜七時間の仕事と、その後の自由時間であった。通勤や残業の時間を考慮すると、現代の日本の労働者に比べて労働時間数は少ないようである。まして公衆（共）浴場は、第四章に示したように当時のレジャーランドであり、正午頃から午後二時頃に開業し、日没まで営業していた。皇帝や元老院議員も時折訪れ、入浴を楽しんでいた。公共浴場は、平民や奴隷も安価で利用でき、そこでは皇帝から奴隷まですべての人々が裸の付き合いであった。そのため「われらが皇帝」「われらがローマ」という連帯感が生まれたのだろう。ともかくみんなで楽しむことが大好きであった。

古代ローマ人は、戦車競技場や闘技場での観戦や劇場での観劇と、公共浴場でのレジャーと、どちらをより楽しむことができたのだろうか。戦車競技の行われたチルコ・マッシモは、長径六五〇メートル、短径一二五メートルで収容人数一五万人、コロッセオは長径一八八メートル、短径一五六メートル、高さ四八メートルの楕円形をしており、収容人員は五万人といわれている。

首都ローマの城壁内に、戦車競技場がチルコ・マッシモを含めて三カ所、円形競技場はコロッセオを含めて二カ所、円形劇場はマルケルス劇場を含めて三カ所ある。競技の開催は祝祭日に限られた。また、劇場の収容人数は多くはない。一方の公共浴場は、前記したとおり、テルマエが一一カ所、バルネアは約九五〇カ所あり、毎日午後には開業していた。古代ローマ人が、どちらの場所で、より楽しい時間を過ごしたかは自明であろう。ローマ水道が、古代ローマ人の一体感を最も醸成したといっても過言ではないだろう。

休日と入浴という事柄について、江戸時代の日本はどうかというと、加藤哲郎は、「一七九四年に大阪で出された『町触れ』(地域の公的取り決め)から、当時の職人の労働リズムがわかると記述している。朝八時に仕事を始め、夕方六時に終わる。午前一〇時と午後二時に三〇分の休憩、昼休み一時間、四月八日から八月一日は昼休みが一時間延長され二時間になる。休日は毎月一日・一五日、五節句は休み、一二月二五日から一月九日が正月休み、盆休みは七月一一～二〇日とある」と記述している。年間で約五〇日の休日があった。古代ローマに比べ、休日数は少なく労働時間数は長い。また、「東京都浴場組合ホーム.ページ」によれば、銭湯の営業時間は「江戸時代の銭湯は朝からわかして、夕方七つ(午後四時)の合図で終わる」とあり、職人や町人の終業時間には終了となっている。生活に余裕のある者しか平日の銭湯の利用はできなかったということだ。したがって、職人等は、一日の汗を銭湯で流すということは難しかったのではないだろうか。

古代ローマ人は、江戸時代や現代の日本人に比べて年間の労働日数は短く、一日も短時間の集中労働(昼食なし)で、自由時間を楽しめるような仕組みを作っていた。遊びを楽しむために仕事をしていたといっても過言ではないのかもしれない。ではそのために、どう社会の効率化を図り、インフラ造りを実行したのか。これを、①奴隷階級等からの搾取ではなく、敗者同化や寛容の精神で、奴隷階級からでも有用な人材はどんどん登用した合理性、②軍事技術を応用したローマの建設技術と市民軍団兵の活躍、③ウィトルーウィウスの「建築書」のような技術書の流布、の観点から検討するとどのようになるのか。

・合理性

古代ローマが、奴隷制度で成り立っていたのは間違いない。長谷川らは「古代ローマを知る辞典」に、ローマ帝国の人口に占める奴隷人口の比率は、平均すると約一五〜二〇％と記述している。過酷な仕打ちがあったのも間違いない。鉱山労働や浴場の窯焚き等、過酷な労働の多くは奴隷に依存していた。また、コロッセオで行われた剣闘士による決闘ショーのために養成されたのが剣闘奴隷（剣奴、剣闘士）である。

しかし、古代ローマにおける奴隷の反乱の件数は意外に少ないのである。その最大級のものは紀元前一三五年〜紀元前一三二年、紀元前一〇四年〜紀元前一〇一年の二回起こったシチリア島における反乱と、紀元前七三年〜紀元前七一年のスパルタクスの反乱である。シチリア島の最初の反乱は、牧畜業者による奴隷への烙印・笞打の虐待に対する反抗に端を発した。リヴィウスは、この反乱に加わった奴隷と自由人を七万人としている。剣闘士スパルタクスの反乱では、剣闘奴隷と貧民が合体して一二万人の反乱となった。

一方、奴隷の子供がローマ皇帝になるというサクセス・ストーリーが二つある。一人は皇帝ペリティナクス（在位一九三年一月〜三月）である。彼の父は奴隷だったが、解放された後、羊毛取引で成功を収めた。ペリティナクスは教師を職業としていたが、三五歳で軍人に転じ順調に昇進し、一七五年に執政官、一八九年にローマ首都長官に就任、先帝暗殺の首謀者の説得により帝位に就いた。しかし、性急な改革を目指したため、わずか八七日後に暗殺されてしまった。もう一人は、ローマ最大の公共浴場・ディオクレティアヌス浴場を建設したディオクレティアヌス帝（在位二八四年～三一一年）で、貧農・解放奴隷の子として生まれたが、一兵卒から皇帝となった。彼はまた、広大な帝国の共同統治、すなわち共治帝による四分割統治制を始め、良好に機能させたことでも知られている。ディオクレティアヌス帝は、国家統治における公共浴場の効果を理解していたのではないだろうか。ではなぜ、奴隷の子供が皇帝になることが可能であったのか。

ローマの奴隷制度は、古代ギリシャや近代帝国主義時代の奴隷制度とは一線を画するものである。奴隷は一生奴隷とは限らず、資産を稼いだり、主人の覚えがめでたかったりすると、それと引き換えに奴隷の身分から解放され（解放奴隷）、ローマ市民権を獲得できた。資産を稼いで解放奴隷となれた理由は、元老院議員が大型船の所有や金貸しを禁じられていて、商売の制限があったためである。そこで有能な奴隷は、主人に代わって商売等で稼ぐことがよくあった。解放奴隷の中には後に政府の要職や資産家として名を馳せるものも少なくなかった。また、奴隷の息子は、仕えている主人の息子と共に高等教育を受けることもよくあった。これは将来、主人の息子が独り立ちをした時に、奴隷の息子が有能で忠誠心厚い秘書官と成りえる、有益な措置だったのである。この場合も解放奴隷となることが多かった。またカエサルは、奴隷でも、教師や医師の能力のある人材には市民権を与えた。このように、奴隷の身分は固定化されたものではなく、能力があればその地位を脱することが可能であり、社会の活性化に繋がった。

フランスの啓蒙思想家モンテスキューは、「ローマ人が世界の征服者となるのに最も貢献したのは、あらゆる民族に対してつぎつぎに戦っているうちに、自分よりも優れたよい習慣があれば、すぐ自分の習慣をすて、これを取り入れたことである」と、その合理性を評価している。このような合理性が、古代ローマ社会に活力をもたらした。

・軍事技術を応用したローマの建設技術と市民兵・傭兵

古代ローマは軍事大国である。軍事技術(ミリタリー・エンジニアリング)は、人馬による戦闘のみならず、トンネル掘りや攻城櫓の造成等の攻城術、投石機等の機械技術、道路や橋を造る土木技術、さらに軍団を運営する兵站技術等、多くの技術を要するシステム技術である。

一世紀のユダヤ人の作家ヨセフス(当初ユダヤ軍の指揮官であったが、投降しローマ軍に従軍)は、著書「ユダヤ戦記」で、ローマ軍がユダヤ戦役(六六年〜七〇年)に完勝した理由を、「ローマ軍の機構を注意深く研究すれば、彼らが巨大な帝国を、幸運の神の贈り物などとしてではなく、武勇への報酬として持っているのだということを理解するだろう。訓練の戦闘さえも、実戦のように過酷であった。営舎を建てるにも、行軍にも戦闘にも、どの行為も非常に正確な手順によって実行された。一〇〇人隊長は服従と規律とに従わせる将校であった。将校への絶対服従は平和時には行いがよく、戦闘時には一体となって動く軍隊を生み出す」と記している。古代ローマ軍の強さは、平時・戦時ともに規律正しく、システマチックに行われていたということを示している。

そのローマ軍団兵が、ローマ街道や橋梁を造った。ローマの軍団には、今でいう工兵隊が配備されていた。平時に軍団兵は、街道建設等のインフラ整備に駆り出されていた。これは訓練の一種であるので、急速施工をしたのは当然である。カエサル著の「ガリア戦記」で、紀元前五四年夏のライン川渡河作戦における急速施工を、次のように記している【写真57参照】。

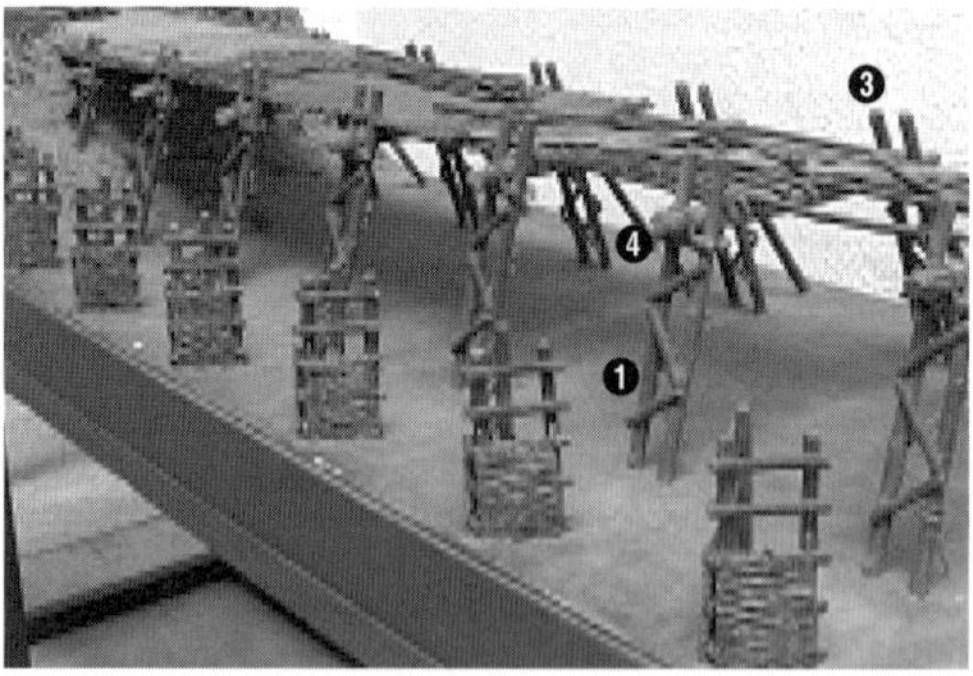

写真57　古代ローマ文明博物館のカエサルのライン川橋梁模型と杭打船

「太さ四五センチメートルの材木①を二本ずつ、根本の方を尖らせ、川の深さに合わせながら丈の寸法をとっていく。この二本の橋杭の間隔を六〇センチメートルとし、この一対をぐらつかぬように縛り付ける。橋杭は滑車装置で水の中に沈められ、川床に固定され、撞込機②で打ちこまれる。ただしこの時、ふつうの杭を打つように、水面に垂直ではなく、川の自然の流れに沿って川下へ斜めに傾けた。次にこの一対と向き合って、一二メートルの間隔をおき、今度は川下の方に、同じ太さの二本の杭③を同じように固く縛って、川の押し流す力にさからうように川上へ傾け、川床に固定させた。これら上下の一対の橋杭の上に、太さ六〇センチメートルの橋桁④が渡され、……架橋資材を集め始めてから一〇日間で、全工事が完成し、軍隊がこれを渡る」

カエサルは有能な軍人・政治家であるとともに、「ガリア戦記」や「内乱記」を書いた名文家でもある。ライン川橋梁はケルンとボンの間にあり、川幅約四〇〇メートル、水深最大八メートル、流速毎秒二メートル程度と想定されている。橋を架けるには非常に厳しい条件だ。杭だけで約二七〇本、そのうち約六割が斜杭である。斜杭を打設するのは、直杭に比較して大変難しい。今の杭打船とクレーン船を使っても、一〇日で完成させるには、各々三隻程度必要である。古代ローマ時代では、筏に木製の杭打ち機やクレーンを搭載した作業船を使用した。各々一二隻程度の作業船が必要である。ローマ軍団兵は、これらの船団の製作、材料の調達、橋の建設にと驚くべき技術力と組織力を発揮したのである。この技術が、カエサルの弟子でもあるアグリッパが率いた二四〇人の水道技術者集団や、クラウディウス帝が創設した四六〇人の水道技術者集団に引き継がれたのだ。

ここで特に重要なことは、王政ローマ期から、カラカラ帝によるアントニヌス勅令の発布(二一二年)までは、古代ローマの軍団は市民兵や属州兵で構成されていたことである。このことは第四章で述べた。市民兵や属州兵は国への忠誠心が強く、軍務がないときは、前記のように道路や橋梁の建設も行った。しかし三世紀も後半になると傭兵が採用され、次第にその数を増し、四七六年には、ゲルマン人傭兵隊長オドアケルにより皇帝ロムルスが廃帝され、ローマ帝国が滅亡した。傭兵は基本的に軍務専業で、平時に建設作業は行わないため、軍隊の合理性・効率性が建設作業へ導入されることが少なくなったのである。こうして、インフラ技術の継承が滞ってしまったのではないだろうか。

・技術書の流布

ウィトルーウィウスの「建築書」や、フロンティヌスの「水道書」のような技術書が、古代ローマの領土内に流布していたものと思われる。ウィトルーウィウスは、カエサルおよびアウグストゥスに仕えた建築工匠といわれている。また、フロンティヌスは、「水道書」以外に測量術の二編の著作もあり、執政官を三回も務めた軍人でもあった。したがって、彼らの技術書がローマ軍団各所に流布し、マニュアルとして使われたものと想像できる。これも合理的な方策である。それゆえ、古代ローマの領土の各地にミニローマを造ることが可能となったのである。

以上述べたように、ローマの繁栄は「天の時、地の利」と相まって、ローマ人の「人の和」を重んじる合理性がもたらしたものといえよう。

ローマ水道・江戸上水等に係る年表

古代ローマ関係の歴史		水道等の関係の歴史		日本の歴史
BC753	ローマ建国・王政ローマ			縄文時代
509	王政を廃し、共和政ローマに	BC520頃	クロアカ・マクシマ建設	弥生時代(BC5世紀～AD3世紀)邪馬台国卑弥呼3世紀中頃
343～290	3次にわたるサムニュウム戦争	312	①アッピア水道完成	
280～273	タレントゥム戦争(ピュロス王救援)	269	②旧アニオ水道完成	
264～146	3次にわたるポエニ戦争	140	③マルキア水道完成	
100	マリウス3度目の執政官	126	④テプラ水道完成	
58～51	カエサルのガリア遠征(BC54ライン川橋梁建設)	33	⑤ユリア水道完成／アグリッパ水道管理体制確立。BC33～BC22ウィトルーウィウス「建築書」著作	
27	オクタウィアヌスがアウグストゥスの尊称を受ける。帝政ローマ始まる	25	アグリッパ浴場完成	
		19	⑥ヴィルゴ水道完成	
		2	⑦アルシェティーナ水道完成	
AD	キリスト誕生	AD52	⑧クラウディア・⑨新アニオ水道完成	
80	円形闘技場コロッセオ完成			
96～180	5賢帝(ネルバ／トラヤヌス／ハドリアヌス／アントニヌス・ピウス／マルクス・アウレリウス)の時代	97	フロンティヌス17代目水道長官就任。97年頃「水道書」著作	
		117	⑩トライアーナ水道完成	
212	アントニヌス勅令(カラカラ帝)	216	カラカラ浴場完成	
		226	⑪アントニアーナ水道完成	
293	ディオクレティアヌス帝らによる4分割統治制	298～306?	ディオクレティアヌス浴場完成	
313	ミラノ勅令でキリスト教を公認(コンスタンティヌス帝)			
330	コンスタンティノープル遷都(コンスタンティヌス帝)			
476	西ローマ帝国滅亡			
537	東ゴート王国によりローマ占領・水道破壊			
		1629	神田上水完成	江戸時代(1603～1867)
		1653	玉川上水完成	
		1658～1672	亀有・青山・三田・千川上水の4上水完成	
		1722	4上水廃止	
		1791	上水記刊行	

注)①～⑪各水道の位置は図7、図8を参照

参考文献

1 青柳正規監修『ローマ皇帝歴代誌』創元社、一九九八年
2 アンデルセン著、森鷗外訳『即興詩人』岩波文庫、一九六九年
3 石野遠江守広通『上水記』寛政三年（一七九一年）
4 伊藤好一『江戸上水道の歴史』吉川弘文館、一九九六年
5 今井宏『パイプづくりの歴史』アグネ技術センター、一九九八年
6 岡崎正孝『カナート・イランの地下水路』論創社、二〇〇〇年
7 カエサル著、国原吉之助訳『ガリア戦記』講談社学術文庫、一九九四年
8 加藤哲郎「日本人の勤勉神話ができるまで」エコノミスト誌、一九九四年九月一三日号
9 クリス・スカー著、青柳正規監修『ローマ皇帝歴代史』創元社、一九九八年
10 栗田彰『江戸の下水道』青蛙房、一九九七年
11 ゲーテ著、相良守峯訳『イタリア紀行』岩波文庫、一九四二年
12 後藤克典『CG世界遺産・古代ローマ』双葉社、二〇〇六年
13 齋藤健次郎『物語下水道の歴史』水道産業新聞社、一九九八年
14 鯖田豊之『水道の思想』中公新書、一九九六年
15 塩野七生『マキアヴェッリ語録』新潮文庫、一九九二年
16 塩野七生『ローマ人の物語〈X〉—すべての道はローマに通ず』新潮社、二〇〇一年
17 塩野七生『ローマ人への20の質問』文藝新書、二〇〇〇年
18 十返舎一九作、麻生磯次校注『東海道中膝栗毛』岩波文庫、一九七三年
19 竹山博英『ローマの泉の物語』集英社新書、二〇〇四年
20 チャールズ・シンガーほか著、平田寛ほか訳『技術の歴史4』筑摩書房、一九六三年
21 デビッド・マコーレイ著、西川幸治訳『都市—ローマ人はどのように都市をつくったか—』岩波書店、一九八〇年
22 東京下水道史探訪会『江戸・東京の下水道のはなし』技報堂出版、一九九五年
23 ドミニック・ラティ著、高遠弘美訳『お風呂の歴史』白水社、二〇〇六年
24 中野定男・中野美代・中野里美『プリニウスの博物誌』雄山閣出版、一九八六年
25 長谷川岳男・樋脇博敏『古代ローマを知る辞典』東京堂出版、二〇〇四年
26 平田寛監修、小林雅夫訳『図説世界文化地理大百科「古代のローマ」』朝倉書店、一九八五年

27 フォーブス著、田中実訳『技術の歴史』岩波書店、一九七八年
28 フォーブス著、平田寛監訳『古代の歴史（中）』朝倉書院、二〇〇四年
29 フラウィウス・ヨセフス著、秦剛平訳『ユダヤ戦記』筑摩書房、二〇〇二年
30 C・フリーマン著、小林雅夫監訳『古代ローマ文化誌』原書房、一九九六年
31 プルターク著、河野与一訳『プルターク英雄伝（6）』岩波文庫、一九五二年〜一九五六年
32 フロンティヌス著、今井宏著訳『古代のローマの水道—フロンティヌスの「水道書」とその世界—』原書房、一九七六年
33 堀越正雄『日本の上水』新人物往来社、一九九五年
34 マシュー・ペリー著、大羽綾子訳『ペリー提督日本遠征記』法政大学出版局、一九五三
35 松井三郎『古代ローマの水道と下水道』日伊文化研究22、一九八四年
36 森田慶一訳註『ウィトルーウィウス建築書』東海大学出版会、一九七九年
37 モンテスキュー著、井上幸治訳『ローマ盛衰原因論』中公クラシックス、二〇〇八年
38 ロズリン・モロー『ポン・デュ・ガール』二〇〇二年
39 吉村忠典『支配の天才ローマ人』三省堂、一九八一年
40 和辻哲郎『風土』岩波文庫、一九七九年
41 大谷資料館ホームページ
42 東京都浴場組合ホームページ
43 日本下水道協会ホームページ
44 フリー百科事典・ウィキペディア「イスタンブール地下宮殿」「カラカラ」「マルクス・ウィプサニウス・アグリッパ」「ローマ街道」「ローマ水道」
45 Aqueduct of The Miracles (at Emerita Augusta), at Merida, Badajoz
46 Bathing in Public in the Roman World: G.G.Fagan, The University of Michigan Press, 2002
47 Das neue Museum im Archaologischen Park Xanten, 2008
48 John.Hopkins: THE CLOACA MAXIMA AND THE MONUMENTAL MANIPULATION OF WATER IN ARCHAIC ROME
49 Key Developments in the History of Embankment Dams
50 Lacus Curtius: Cloaca Maxima (Platner & Ashby, 1929)
51 Lacus Curtius: Roman Sewers (Smith's Dictionary, 1875)
52 POMPEII, THE CITY THAT WAS BURIED IN 79 A.D.
53 Roger D. Hansen: WATER AND WASTEWATER SYSTEMS IN IMPERIAL ROME
54 ROMAN-GERMANIC COLOGNE: GERTA WOLFF.j.p. Bachem Verlag. 2003

55 THE BATHS OF CARACALLA: ELECTA 2006
56 The Roman Dams of Subiaco: Norman A.F.Smithm Technology and Culture, Vol.11, No.1 (1970), The Johns Hopkins University Press
57 Cloaca Maxima: Wikipedia
58 Sanitation in ancient Rome: Wikipedia
59 Urine tax: Wikipedia

図・写真の出典

写真2　参考文献43
図2　参考文献26　九一～九二頁（一部加筆）
図3　参考文献21　四四頁（一部加筆）
図7　参考文献16　一五九頁（一部加筆）
図8　参考文献16　一六一頁（一部加筆）
写真9、写真12　参考文献44
写真14　参考文献56
図16　参考文献49
写真19、図17　参考文献45
図27　参考文献54　二六六頁
図32　参考文献55
写真40、写真41　参考文献52
図33　参考文献55
写真42　参考文献44
図36　参考文献34
図41　参考文献47
図42、図43、図44　参考文献21　三八頁（一部加筆）
図51　参考文献21　四〇頁
写真55　参考文献41
写真56　参考文献44

あとがき

一八世紀の英国の歴史家で、ローマ帝国衰亡史を著したギボン（一七三七〜一七九四年）は、「世界史上人類がもっとも幸福な時代で繁栄した時期はいつかと、問われたならば、人は躊躇なくドミティアヌス帝の死（九六年）からコンモドゥス帝の登位（一八〇年）までの時期を挙げるであろう」と記している。すなわち五賢帝の時代である。本書は序章で述べた和辻の「ローマ帝国の繁栄の原動力はローマ水道」の説を念頭に、江戸上水との比較を含めて古代ローマ水道について述べた。ギボンの生きた時代から二世紀が過ぎた二一世紀の日本、そして世界は五賢帝の時代に比べて優れているのであろうか。

水道の利便性については、圧倒的に進歩している。しかし日本の水は河川水の再利用が大半であり、水源地の水を何も混ぜず使用している古代ローマ水道にはかなわないのではないか。

『The Asahi Shinbun Globe』二〇〇九年五月二五日号では、ユニセフ／世界保健機関「二〇〇八年版飲料水と衛生施設に関する報告書」を引用して、「世界全体で八人に一人が安全な水が飲めない状態。すなわち八億八千万人の人々が、安全な飲料水を利用できない。特に、サハラ砂漠以南のアフリカの人口、約八億人のうち四二％が安全な飲料水を利用できない。その原因の一つに、トイレがなく野外で用を足すことにもある」と記述している。古代ローマの水道幹線は水源から、他の水道幹線の水を混ぜることもなく、地下水や地上水が混ざることもなく、地下あるいは、水路に蓋をした状態でローマ市の入口まで運ばれた。理想論ではあるが、このような方法が現在の世界で行われていれば……。したがって安全な飲料水の観点からみると、現代の世界は、ローマの五賢帝の時代にかなわないのではないかと思う。

国の繁栄は水のみでは語れない。食料そして娯楽も大事である。古代ローマの風刺作家・ユウェナリス(六〇～一三〇年)は「ローマ市民はパンとサーカス(娯楽)に一生懸命で、堕落した」と記述している。それが事実なのかを確かめることも、興味をそそられることである。

最後に、本文の編集に当たりご尽力をいただいた、鹿島出版会の橋口聖一氏、三宮七重さん、その他ご協力いただいた皆様に謝意を表します。

二〇〇九年六月

中川良隆

memo

著者

中川良隆　なかがわ・よしたか

昭和二二年　東京生まれ
昭和四四年　慶應義塾大学工学部機械工学科卒業
昭和四六年　東京大学大学院工学系研究科土木工学修士課程修了
昭和四六年　大成建設株式会社入社
平成一五年　東洋大学工学部環境建設学科教授
現在に至る
工学博士、技術士（建設部門）

［主な著書］
『建設マネジメント実務』山海堂
『ゴールデンゲート物語』鹿島出版会

水道が語る古代ローマ繁栄史

二〇〇九年八月二〇日　第一刷発行

著者　中川良隆
発行者　鹿島光一
発行所　鹿島出版会　〒一〇七-〇〇五二　東京都港区赤坂六-二-八　電話〇三（五五七四）八六〇〇　振替〇〇一六〇-二-一八〇八八三
装丁・組版　高木達樹（しまうまデザイン）
印刷・製本　創栄図書印刷

ISBN978-4-306-09399-7　C0052　Printed in Japan

本書の内容に関するご意見・ご感想は下記までお寄せください。
http://www.kajima-publishing.co.jp　info@kajima-publishing.co.jp